卓越设计师案头工具书系列

建筑工程防火 节点构造设计图集

U0150973

（设计师必会100个节点设计：CAD节点+3D示意图+实景图片）

主编　白巧丽

参编　何艳艳　贾玉梅　高世霞　魏海宽　阎秀敏

机械工业出版社

CHINA MACHINE PRESS

本书共四章，主要内容包括：建筑防火设计概论、建筑防火构造、防火材料和防火安全管理措施。

　　本书内容翔实、系统全面、语言简练、重点突出、图文并茂，以实用、精炼为原则，紧密结合工程实际，从节点图、三维图、实例照片三个方面来解读，提供了200多个常用节点构造，便于读者理解掌握。

　　本书可供从事工程设计、施工、管理人员以及相关专业大中专院校师生学习参考。

图书在版编目（CIP）数据

建筑工程防火节点构造设计图集：设计师必会100个节点设计：CAD节点＋3D示意图＋实景图片/白巧丽主编 . —北京：机械工业出版社，2022.6

（卓越设计师案头工具书系列）

ISBN 978-7-111-70796-7

Ⅰ . ①建⋯　Ⅱ . ①白⋯　Ⅲ . ①建筑工程 – 防火 – 结构设计 – 图集　Ⅳ . ①TU892-64

中国版本图书馆 CIP 数据核字（2022）第 084204 号

机械工业出版社（北京市百万庄大街 22 号　邮政编码 100037）
策划编辑：张　晶　责任编辑：张　晶
责任校对：刘时光　封面设计：张　静
责任印制：任维东
北京市雅迪彩色印刷有限公司印刷
2023 年 1 月第 1 版第 1 次印刷
184mm×250mm · 11 印张 · 277 千字
标准书号：ISBN 978-7-111-70796-7
定价：89.00 元

电话服务　　　　　　　网络服务
客服电话：010-88361066　机 工 官 网：www.cmpbook.com
　　　　　010-88379833　机 工 官 博：weibo.com/cmp1952
　　　　　010-68326294　金 书 网：www.golden-book.com
封底无防伪标均为盗版　机工教育服务网：www.cmpedu.com

前言
Preface

　　随着我国经济建设的飞速发展，建设工程的规模日益扩大，建筑防火安全问题成为人们日益关注的焦点，建筑火灾的残酷性，时刻提醒人们加大防火工作的力度，做到防患于未然，保障生命安全。纵观众多建筑火灾造成大量人员伤亡和财产损失的根源，主要在于建筑防火设计不符合建筑防火技术规范的规定，或是建筑防火设计技术措施没有在实际工程中得到落实，留下安全隐患。基于以上原因，我们根据现行国家防火设计等相关规范，结合实例编写了本书。

　　建筑防火构造类型繁多，设计、施工过程中涉及大量的构造图、节点图等图纸。图样是工程设计与建设的核心与基础，一个好的工程往往是由无数个精确、标准的节点组合而成。本书的主要特点是将基本的建筑防火节点构造做法通过 CAD 平面图、节点三维图示、现场实例相结合的方式表达出来，以建筑防火构造节点设计为主线，采用图、表、文字三者结合的形式，希望设计师快速理解防火节点构造的基本知识。本书内容简洁明了，便于广大读者阅读，与实际结合性强。本书的目的，一是培养读者的空间想象能力，二是培养读者依照国家标准正确绘制和阅读工程图的基本能力。

　　本书共四章。主要内容包括：建筑防火设计概论、建筑防火构造、防火材料和防火安全管理措施。

　　若本书能为读者带来更多的帮助，编者将会感到莫大的荣幸与欣慰。

　　本书中的各类建筑防火构造节点适合哪种场合，敬请读者仔细领会和推敲，切勿生搬硬套。

　　在本书的编写过程中参阅和借鉴了许多优秀书籍和文献资料，作者已将其列在参考文献中，同时还得到有关领导和专家的帮助，在此一并表示感谢。由于编者的经验和学识有限，书中内容难免存在遗漏和不足之处，欢迎广大读者批评和指正，以便于我们进一步修改完善。

编　者

目 录
Contents

第一章

建筑防火设计概论

◀ 第一节　常见火灾 ▶

火灾发生的必要条件是可燃物、热源和氧化剂（多为空气）。火灾可以从不同的角度进行分类，如按起火原因、燃烧对象、火灾发生地点和损失程度等分类。

一、 按起火原因分类

（1）电气：电气设备超负荷、电气线路短路、照明灯具使用不当等引发火灾。

（2）生活用火不慎：炊事用火、取暖用火、灯火照明、燃放烟花爆竹等引发火灾。

（3）违反安全规定：在易燃易爆车间动用明火，引起爆炸起火；将性质相抵触的物品混存在一起，引起燃烧爆炸；焊接和切割的火星和熔渣，酿成的火灾等。

（4）吸烟：乱扔烟头、火柴杆，是造成卧室、宾馆客房和森林火灾的主要原因之一。

（5）玩火：小孩玩火等引发火灾。

（6）纵火：例如刑事犯罪纵火。

（7）自燃：物质受热；植物、涂油物、煤堆垛过大、过久而又受潮、受热；化学危险品遇水、遇空气、相互接触、撞击、摩擦自燃。

（8）不明原因：火灾原因无法查明。

（9）其他：不属于以上类型的其他原因，例如战争。

二、 按燃烧对象分类 （《火灾分类》 GB/T 4968—2008）

A 类火灾：固体物质火灾，这种物质通常具有有机物性质，一般在燃烧时能产生灼热的余烬，例如木材、棉、毛、麻及纸张火灾。

B 类火灾：液体或可熔化的固体物质火灾，例如汽油、煤油、原油、柴油、甲醇、乙醇、沥青及石蜡火灾。

C 类火灾：气体火灾，例如天然气、煤气、甲烷、乙烷、丙烷及氢气火灾。

D 类火灾：金属火灾，例如钾、钠、镁、钛、锆、锂及铝镁合金火灾。

E 类火灾：带电火灾，例如物体带电燃烧的火灾。

F 类火灾：烹饪器具内的烹饪物（如动植物油脂）火灾。

三、 按火灾发生地点分类

(1) 地上火灾:地上火灾是指发生在地表面上的火灾。地上火灾包括地上建筑火灾和森林火灾。地上建筑火灾又分为民用建筑火灾、工业建筑火灾。

(2) 地下火灾:地下火灾是指发生在地表面以下的火灾。地下火灾主要包括在矿井、地下商场、地下油库、地下停车场和地下铁道等地点发生的火灾。这些地点属于典型的受限空间,空间结构复杂,受定向风流的作用,火灾及烟气的蔓延速度相对较快,再加上逃生通道上逃生人员和救灾人员的逆流行进,救灾工作难度较大。

(3) 水上火灾:水上火灾是指发生在水面上的火灾,主要包括发生于江、河、湖、海上航行的客轮、货轮和油轮上的火灾,也包括海上石油平台油面火灾等。

(4) 空间火灾:空间火灾是指发生在飞机、航天飞机和空间站等航空及航天器中的火灾。发生在航天飞机和空间站中的火灾,因为远离地球,重力作用相对较小,甚至完全失重,属于微重力条件下的火灾。其火灾的发生与蔓延较地上建筑、地下建筑及水上火灾来说,具有明显的特殊性。

四、 按损失程度分类

按损失程度可将火灾分为:特别重大火灾、重大火灾、较大火灾和一般火灾,详见表1-1-1。

表1-1-1 火灾等级按损失程度划分标准

火灾等级	死亡人数/人	重伤人数/人	直接财产损失金额/万元
特别重大火灾	≥30	≥100	≥10000
重大火灾	10~30	50~100	5000~10000
较大火灾	3~10	10~50	1000~5000
一般火灾	≤3	≤10	≤1000

◀ 第二节 建筑物耐火等级 ▶

根据《建筑设计防火规范》(GB 50016—2014 2018年版)的规定,民用建筑的耐火等级可分为一、二、三、四级。不同耐火等级建筑相应构件的燃烧性能和耐火极限不应低于表1-2-1的要求。

表1-2-1 不同耐火等级建筑相应构件的燃烧性能和耐火极限 (单位:h)

构件名称		耐火等级			
		一级	二级	三级	四级
墙	防火墙	不燃性 3.00	不燃性 3.00	不燃性 3.00	不燃性 3.00

（续）

构件名称		耐火等级			
		一级	二级	三级	四级
墙	承重墙	不燃性 3.00	不燃性 2.50	不燃性 2.00	难燃性 0.50
	非承重外墙	不燃性 1.00	不燃性 1.00	不燃性 0.50	可燃性
	楼梯间和前室的墙 电梯井的墙 住宅建筑单元之间的墙和分户墙	不燃性 2.00	不燃性 2.00	不燃性 1.50	难燃性 0.50
	疏散走道两侧的隔墙	不燃性 1.00	不燃性 1.00	不燃性 0.50	难燃性 0.25
	房间隔墙	不燃性 0.75	不燃性 0.50	难燃性 0.50	难燃性 0.25
柱		不燃性 3.00	不燃性 2.50	不燃性 2.00	难燃性 0.50
梁		不燃性 2.00	不燃性 1.50	不燃性 1.00	难燃性 0.50
楼板		不燃性 1.50	不燃性 1.00	不燃性 0.50	可燃性
屋顶承重构件		不燃性 1.50	不燃性 1.00	可燃性 0.50	可燃性
疏散楼梯		不燃性 1.50	不燃性 1.00	不燃性 0.50	可燃性
吊顶（包括吊顶搁栅）		不燃性 0.25	难燃性 0.25	难燃性 0.15	可燃性

注：1. 除《建筑设计防火规范》（GB 50016—2014　2018 年版）另有规定外，以木柱承重且墙体采用不燃材料的建筑，其耐火等级应按四级确定。

2. 住宅建筑构件的耐火极限和燃烧性能可按现行国家标准《住宅建筑规范》GB 50368 的规定执行。

◀ 第三节　名词解释 ▶

（1）耐火极限—在标准耐火试验条件下，建筑构件、配件或结构从受到火的作用时起，至失去承载能力、完整性或隔热性时止所用时间，以小时（h）表示。

（2）不燃性构件—用不燃性材料做成的建筑构件。

（3）难燃性构件—用难燃性材料做成的建筑构件或用可燃性材料做成而用不燃性材料作保

护层的建筑构件。

(4) 可燃性构件—用可燃性材料做成的建筑构件。

(5) 防火墙—防止火灾蔓延至相邻建筑或相邻水平防火分区且耐火极限不低于3.00h的不燃性墙体。

(6) 防火隔墙—建筑内防止火灾蔓延至相邻区域且耐火极限不低于规定要求的不燃性墙体。

(7) 防火门—在一定时间内连同框架能满足规定耐火完整性和隔热性要求的门。据其耐火极限分为三级:甲级1.50h,乙级1.00h,丙级0.50h。

(8) 防火窗—在一定时间内连同框架能满足耐火稳定性和耐火完整性要求的窗。据其耐火极限分为三级:甲级1.50h,乙级1.00h,丙级0.50h。

(9) 防火玻璃—在防火门、窗上安装的透光玻璃,按耐火性能分为A、B、C三类:

A类防火玻璃,能同时满足耐火完整性、耐火隔热性要求。

B类防火玻璃,能同时满足耐火完整性、热辐射强度要求。

C类防火玻璃,仅能满足耐火完整性要求。

(10) 防火卷帘—在一定时间内连同框架能满足耐火完整性和隔热性要求的卷帘。

(11) 防火幕—能阻止火灾产生的烟和热气通过的活动式的幕。

(12) 防火堤—可燃液体的储罐发生泄漏事故时,防止液体外流和火灾蔓延的构筑物。

◀ 第四节　建筑防火设计原则、依据及程序 ▶

一、基本原则

建筑防火设计必须遵循国家的有关方针、政策;必须贯彻"预防为主,防消结合"的消防工作方针,从全局出发,统筹兼顾,正确处理生产与安全、重点和一般的关系,采用行之有效的先进防火技术,防止和减少火灾危害,做到安全适用,经济合理。尤其是对于高层建筑的防火设计,应针对其火灾特点,积极采取可靠有效的防火措施,保障消防安全。

一般来说,建筑防火设计主要考虑以下几点原则:

1) 从设计上保证建筑物内的火灾隐患降到最低点。

2) 最快地了解并掌握火情,最及时地依靠固定的消防设施灭火。

3) 保证建筑结构及构件具有不低于规定的耐火强度,以利于建筑内的居住者在相应的时间内,有效地安全疏散。

二、基本依据

建筑防火设计的基本依据是建筑物的性质、类别及有关规范、规程(或文件)条文。规范对所涉及建筑物的位置、布局,建筑物的耐火等级和使用性质及内部的消防设施要求逐条做出规定。简言之,设计时按所设计建筑物的具体状况,对应规范中的指标(或参数)及相关要求,合理选定即可。

三、 基本程序

  防火设计工作程序分为三个阶段，即方案设计、初步设计和施工图设计。在每个阶段中都必须与消防及相关部门密切配合，按照当地消防部门的有关法规、文件的要求，进行设计。设计文件中要有具体防火设计的文字说明和图纸，且在每个阶段（包括设计变更）都必须有消防部门的审批意见，并依照执行。

第二章

建筑防火构造

◀ 第一节　防火间距 ▶

　　建筑物起火后，火势在建筑物内部热对流和热辐射作用下迅速蔓延扩大，而建筑物外部则因强烈的热辐射作用对周围建筑物构成威胁。火场的辐射热的强度取决于火灾规模的大小、火灾持续时间、与邻近建筑物的距离及风速、风向等因素。火势越大，持续时间越长，距离越近，建筑物又处于下风位置时，所受辐射热越强。所以，建筑物间应保持一定的防火间距。

一、多层民用建筑之间的防火间距

　　根据《建筑设计防火规范》（GB 50016—2014　2018 年版）的规定，多层民用建筑之间的防火间距不应小于表 2-1-1 的要求。

表 2-1-1　民用建筑之间防火间距　　　　　（单位：m）

耐火等级	耐火等级		
	一、二级	三级	四级
一、二级	6	7	9
三级	7	8	10
四级	9	10	12

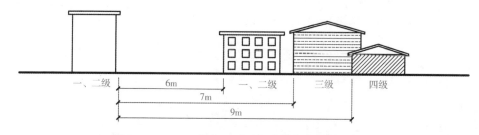

图 2-1-1　一、二级与一至四级建筑防火间距示意图

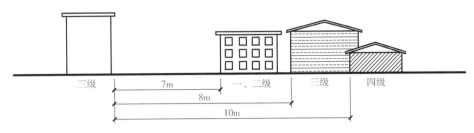

图 2-1-2　三级与一至四级建筑防火间距示意图

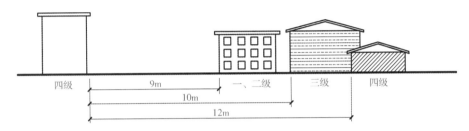

图 2-1-3　四级与一至四级建筑防火间距示意图

二、　高层建筑的防火间距

　　根据《建筑设计防火规范》（GB 50016—2014　2018 年版）的规定，高层建筑之间及高层建筑与其他民用建筑之间的防火间距应符合表 2-1-2 ~ 表 2-1-4 的要求。高层建筑防火间距示意如图 2-1-4 所示。

表 2-1-2　高层建筑之间及高层建筑与其他民用建筑之间防火间距　　（单位：m）

建筑类型		高层民用建筑	裙房和其他民用建筑		
		一、二级	一、二级	三级	四级
高层民用建筑	一、二级	13	9	11	14
裙房和其他民用建筑	一、二级	9	6	7	9
	三级	11	7	8	10
	四级	14	9	10	12

注：1. 防火间距应按相邻建筑外墙的最近距离算起。

　　2. 当外墙有凸出可燃构件时，应从其凸出部分的外缘算起。

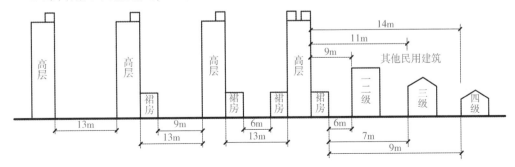

图 2-1-4　高层建筑防火间距示意图

表 2-1-3 甲、乙、丙类液体储罐（区）和乙、丙类液体桶装堆场与其他建筑的防火间距

类别	一个罐区或堆场的总容量 V（m³）	建筑物				室外变、配电站
		一、二级		三级	四级	
		高层民用建筑	裙房，其他建筑			
甲、乙类液体储罐（区）	1≤V<50	40	12	15	20	30
	50≤V<200	50	15	20	25	35
	200≤V<1000	60	20	25	30	40
	1000≤V<5000	70	25	30	40	50
丙类液体储罐（区）	5≤V<250	40	12	15	20	24
	250≤V<1000	50	15	20	25	28
	1000≤V<5000	60	20	25	30	32
	5000≤V<25000	70	25	30	40	40

表 2-1-4 高层建筑与厂（库）房的防火间距　　　　（单位：m）

厂（库）房		一类高层	二类高层
甲类	一、二级	50	50
乙类高层		50	50
丙类高层		20	15
丁、戊类高层		15	13

三、汽车库防火间距

根据《汽车库、修车库、停车场设计防火规范》（GB 50067—2014）的规定，汽车库、修车库、停车场之间及汽车库、修车库、停车场与除甲类物品仓库外的其他建筑物的防火间距不应小于表 2-1-5 的要求。

表 2-1-5 汽车库、修车库、停车场之间以及汽车库、修车库、停车场
与除甲类物品的仓库外的其他建筑物的防火间距　　　　（单位：m）

名称及耐火等级	汽车库、修车库		厂房、仓库、民用建筑		
	一、二级	三级	一、二级	三级	四级
一、二级汽车库、修车库	10	12	10	12	14
三级汽车库、修车库	12	14	12	14	16
停车场	6	8	6	8	10

注：1. 高层汽车库与其他建筑物之间，汽车库、修车库与高层建筑之间的防火间距应按本表规定值增加3m。

2. 汽车库、修车库与甲类厂房之间的防火间距应按本表规定值增加2m。

四、人民防空工程防火间距

为了与相关规定协调一致，人防工程的出入口地面建筑物与周围建筑物之间的防火间距，应按《建筑设计防火规范》（GB 50016—2014　2018年版）的有关规定执行。根据《人民防空工程设计防火规范》（GB 50098—2009）规定，人防工程的采光窗井与相邻地面建筑的最小防火间距参照表2-1-6。

表 2-1-6　采光窗井与相邻地面建筑物的最小防火间距　　　　（单位：m）

人防工程类别	地面建筑类别和耐火等级								
	民用建筑			丙、丁、戊类厂房、库房			高层民用建筑		甲、乙类厂房、库房
	一、二级	三级	四级	一、二级	三级	四级	高层	裙房	—
丙、丁、戊类生产车间、物品库房	10	12	14	10	12	14	13	6	25
其他人防工程	6	7	9	10	12	14	13	6	25

注：1. 防火间距按人防工程有窗外墙与相邻地面建筑物外墙的最近距离计算。

　　2. 当相邻的地面建筑物外墙为防火墙时，其防火墙间距不限。

◀ 第二节　防火墙 ▶

一、防火墙

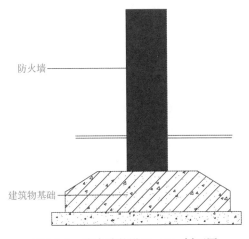

图 2-2-1　防火墙的设置（1）剖面图

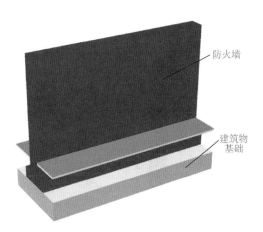

图 2-2-2　防火墙的设置（1）三维图

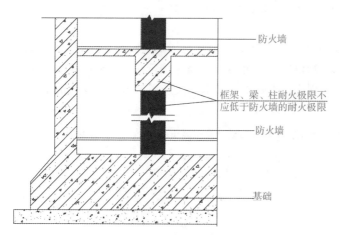

防火墙

框架、梁、柱耐火极限不应低于防火墙的耐火极限

防火墙

基础

图 2-2-3　防火墙的设置（2）剖面图

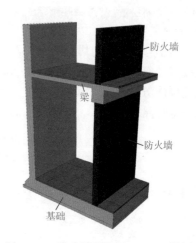

防火墙

梁

防火墙

基础

图 2-2-4　防火墙的设置（2）三维图

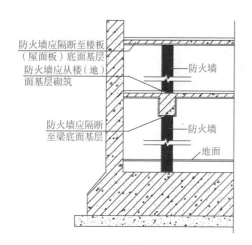

防火墙应隔断至楼板（屋面板）底面基层
防火墙应从楼（地）面基层砌筑

防火墙应隔断至梁底面基层

防火墙

防火墙

地面

图 2-2-5　防火墙的设置（3）剖面图

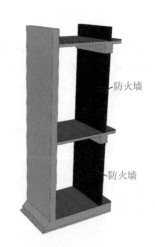

防火墙

防火墙

图 2-2-6　防火墙的设置（3）三维图

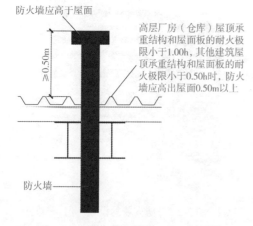

防火墙应高于屋面

≥0.50m

高层厂房（仓库）屋顶承重结构和屋面板的耐火极限小于1.00h，其他建筑屋顶承重结构和屋面板的耐火极限小于0.50h时，防火墙应高出屋面0.5m以上

防火墙

图 2-2-7　防火墙的设置（4）剖面图

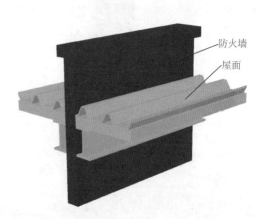

防火墙

屋面

图 2-2-8　防火墙的设置（4）三维图

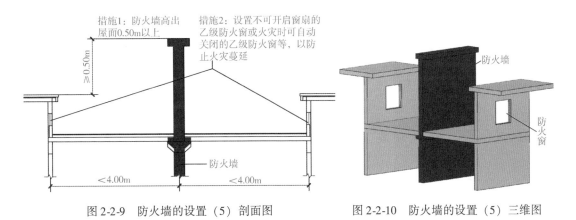

措施1：防火墙高出屋面0.50m以上

措施2：设置不可开启窗扇的乙级防火窗或火灾时可自动关闭的乙级防火窗等，以防止火灾蔓延

≥0.50m

防火墙

<4.00m　　<4.00m

图 2-2-9　防火墙的设置（5）剖面图

防火墙

防火窗

图 2-2-10　防火墙的设置（5）三维图

图 2-2-11　防火墙现场实物图

二、防火玻璃隔断

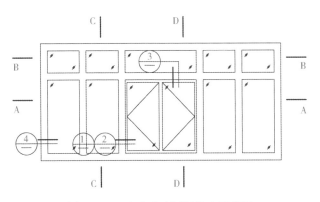

图 2-2-12　防火玻璃隔断构造示意图

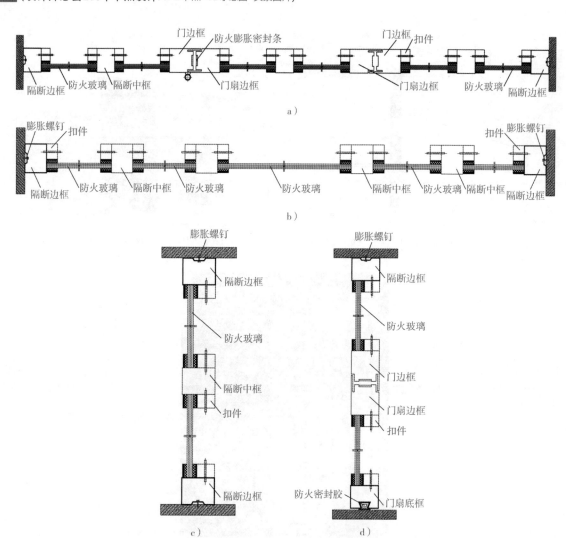

图 2-2-13　防火玻璃隔断构造剖面图

a) A—A 剖面　b) B—B 剖面　c) C—C 剖面　d) D—D 剖面

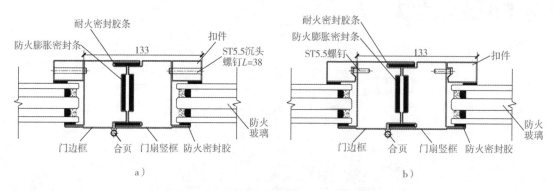

图 2-2-14　防火玻璃隔断构造节点详图

a) 节点①露钉安装　b) 节点②暗钉安装

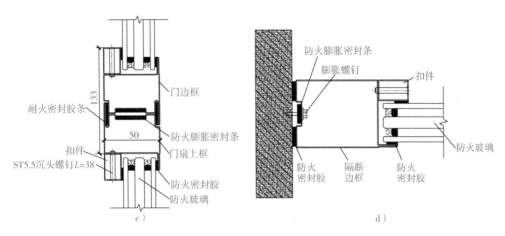

图 2-2-14　防火玻璃隔断构造节点详图（续）

c）节点③　d）节点④

注：1. 玻璃采用耐火等级为 C 类一级防火玻璃，可分为单片、夹胶、中空玻璃。

　　2. 框料为 1.5mm 精密冷弯钢框，防火膨胀密封条材质为膨胀石墨，耐火密封胶条材质为三元乙丙橡胶。

　　3. 适用范围：层高低于 4000mm。

　　4. 隔断最大分格尺寸：1800mm × 2500mm。

　　5. 该构造耐火时间 1h，耐火极限有国家防火建筑材料质量监督检验中心提供检测。

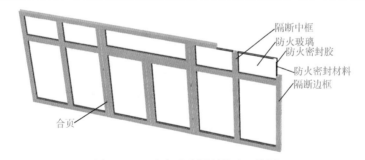

图 2-2-15　防火玻璃隔断构造三维图

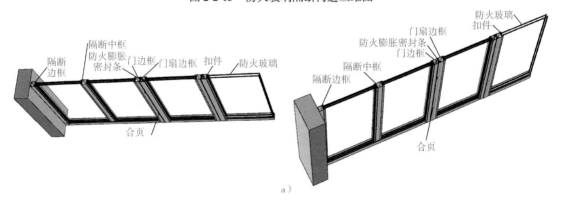

图 2-2-16　防火玻璃隔断构造剖面三维图

a）A—A 剖面

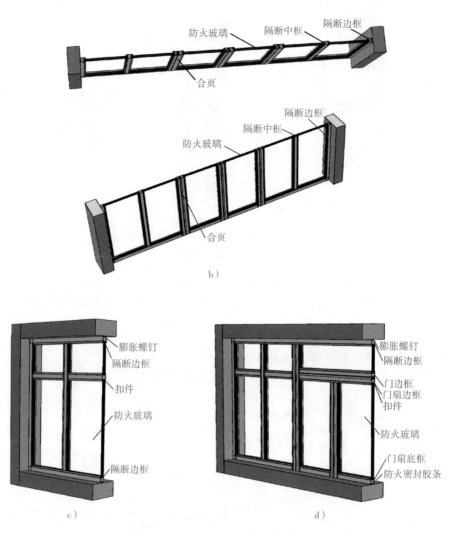

图 2-2-16　防火玻璃隔断构造剖面三维图（续）

b）B—B 剖面　c）C—C 剖面　d）D—D 剖面

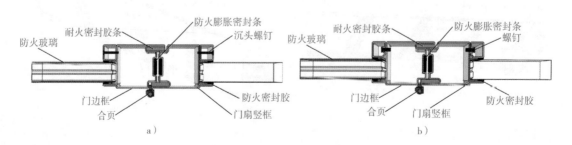

图 2-2-17　防火玻璃隔断构造节点三维图

a）节点①露钉安装　b）节点②暗钉安装

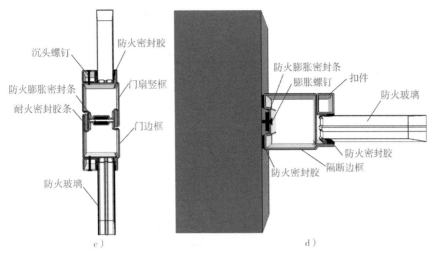

图 2-2-17　防火玻璃隔断构造节点三维图（续）

c）节点③　d）节点④

图 2-2-18　防火玻璃隔断实物图

三、防火幕墙

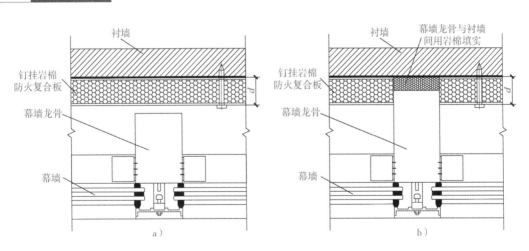

图 2-2-19　防火幕墙构造详图

a）幕墙防火保温水平截面（幕墙龙骨距衬墙较大时）　b）幕墙防火保温水平截面（幕墙龙骨距衬墙较小时）

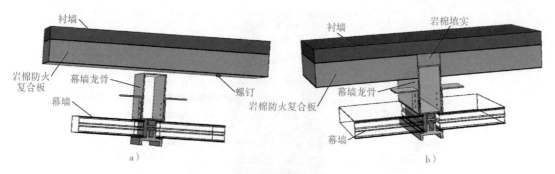

衬墙

岩棉防火
复合板

幕墙龙骨

幕墙

螺钉

a）

衬墙

岩棉填实

幕墙龙骨

岩棉防火复合板

幕墙

b）

图 2-2-20　防火幕墙构造三维图

a）幕墙防火保温三维示意图（幕墙龙骨距衬墙较大时）　　b）幕墙防火保温三维示意图（幕墙龙骨距衬墙较小时）

图 2-2-21　防火幕墙实物图

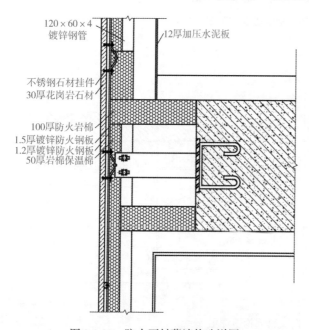

120×60×4
镀锌钢管

12厚加压水泥板

不锈钢石材挂件
30厚花岗岩石材

100厚防火岩棉
1.5厚镀锌防火钢板
1.2厚镀锌防火钢板
50厚岩棉保温棉

图 2-2-22　防火石材幕墙构造详图

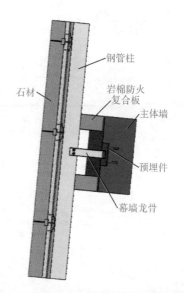

钢管柱

石材

岩棉防火
复合板

主体墙

预埋件

幕墙龙骨

图 2-2-23　防火石材幕墙构造三维示意图

图 2-2-24　防火石材幕墙实物图

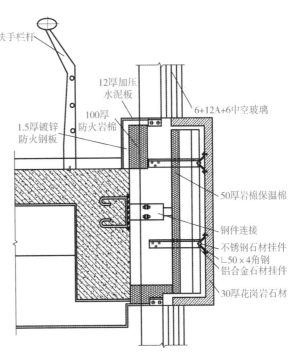

图 2-2-25　防火玻璃幕墙构造详图

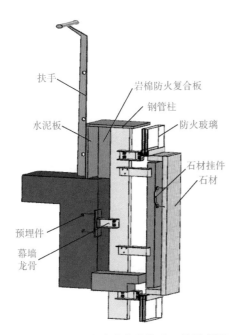

图 2-2-26　防火玻璃幕墙构造三维示意图

图 2-2-27　防火玻璃幕墙实物图

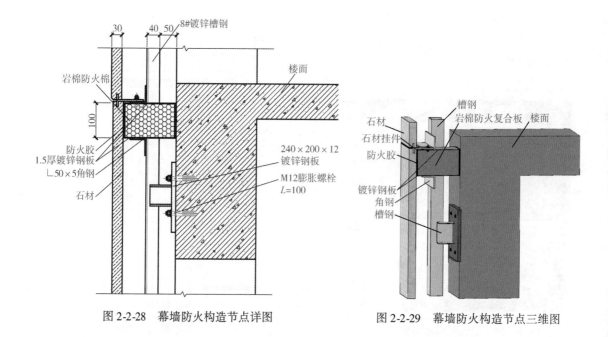

图 2-2-28　幕墙防火构造节点详图

图 2-2-29　幕墙防火构造节点三维图

四、 防火隔离带

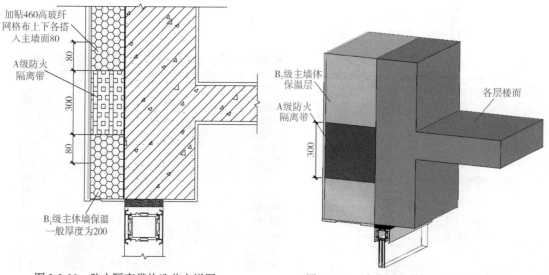

图 2-2-30　防火隔离带构造节点详图 1

图 2-2-31　防火隔离带构造节点 1 三维图

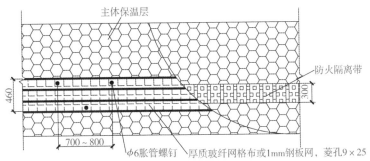

注：必要时，防火隔离带与主体墙面交界处，宜加锚固钉。

图 2-2-32　防火隔离带构造节点详图 2

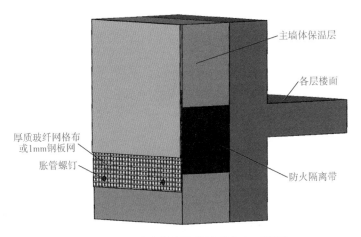

图 2-2-33　防火隔离带构造节点 2 三维图

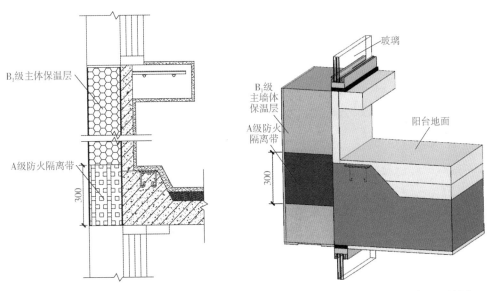

图 2-2-34　防火隔离带构造节点详图 3　　　　图 2-2-35　防火隔离带构造节点 3 三维图

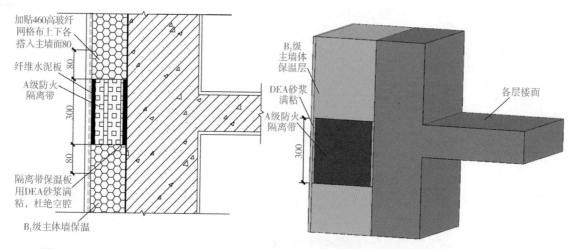

加贴460高玻纤
网格布上下各
搭入主墙面80
纤维水泥板
A级防火
隔离带
隔离带保温板
用DEA砂浆满
粘,杜绝空腔
B₁级主体墙保温

B₁级
主墙体
保温层
DEA砂浆
满粘
A级防火
隔离带
各层楼面

图 2-2-36　防火隔离带构造节点详图 4　　　　图 2-2-37　防火隔离带构造节点 4 三维图

图 2-2-38　防火隔离带实物图

五、防火保温吊顶

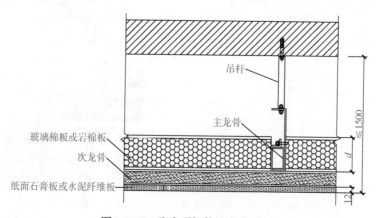

吊杆
主龙骨
玻璃棉板或岩棉板
次龙骨
纸面石膏板或水泥纤维板

图 2-2-39　防火顶棚构造节点详图

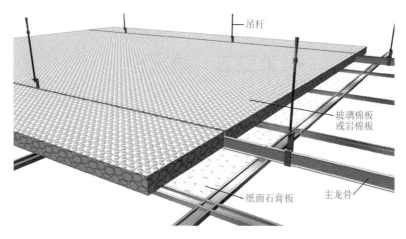

吊杆

玻璃棉板
或岩棉板

纸面石膏板

主龙骨

图 2-2-40　防火顶棚构造节点三维图

图 2-2-41　防火顶棚实物图

说明：

1）防火墙应直接设置在建筑的基础或框架、梁等承重结构上，框架、梁等承重结构的耐火极限不应低于防火墙的耐火极限。防火墙应从楼地面基层隔断至梁、楼板或屋面板的底面基层。当高层厂房（仓库）屋顶承重结构和屋面板的耐火极限低于1.00h，其他建筑屋顶承重结构和屋面板的耐火极限低于0.50h时，防火墙应高出屋面0.50m以上。防火墙横截面中心线水平距离天窗断面小于4.00m，且天窗端面为可燃性墙体时，应采取防止火势蔓延的措施。

2）防火隔离带一般不应采用裸岩棉板，裸岩棉板吸水率大，吸水后会造成主体保温层变形、开裂。

◀ 第三节　防火窗 ▶

一、固定式钢防火窗

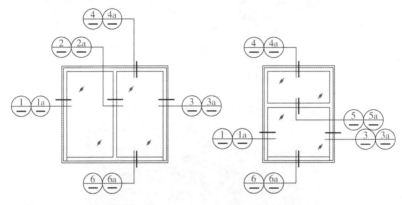

图 2-3-1　固定式钢防火窗示意图

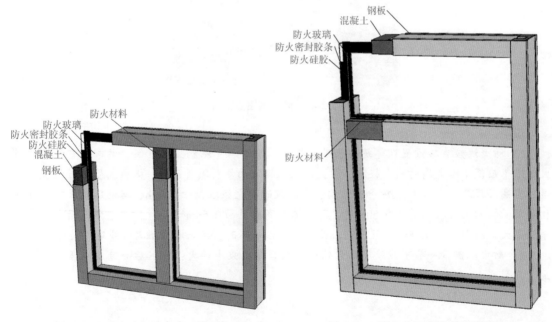

图 2-3-2　固定式钢防火窗三维图 1　　　　图 2-3-3　固定式钢防火窗三维图 2

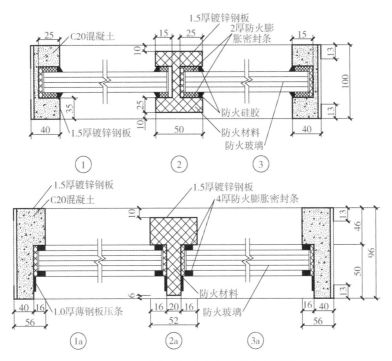

图 2-3-4 固定式钢防火窗构造节点详图 1

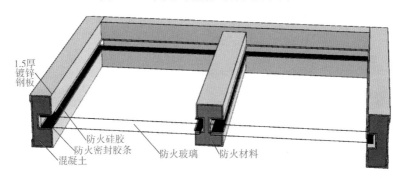

图 2-3-5 固定式钢防火窗构造节点详图 1-1 三维图

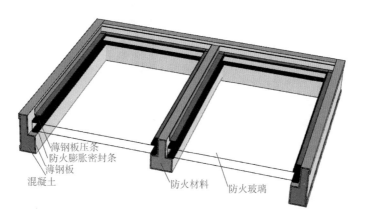

图 2-3-6 固定式钢防火窗构造节点详图 1-2 三维图

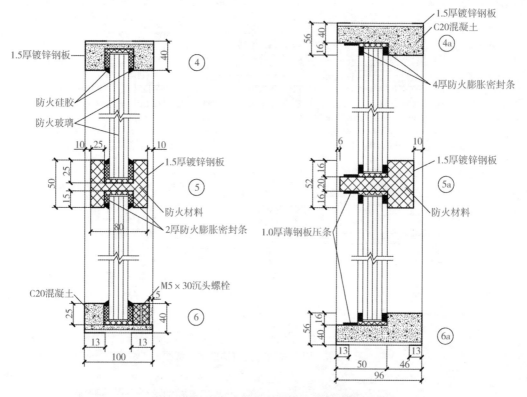

图 2-3-7　固定式钢防火窗构造节点详图 2

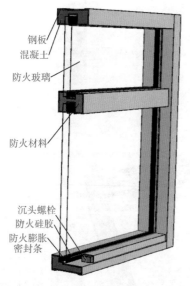

图 2-3-8　固定式钢防火窗构造节点
　　　　　详图 2-1 三维图

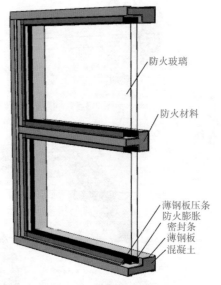

图 2-3-9　固定式钢防火窗构造节点
　　　　　详图 2-2 三维图

图 2-3-10　固定式钢防火窗实物图

二、平开式钢防火窗

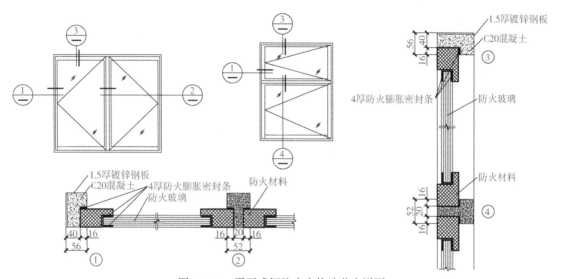

图 2-3-11　平开式钢防火窗构造节点详图

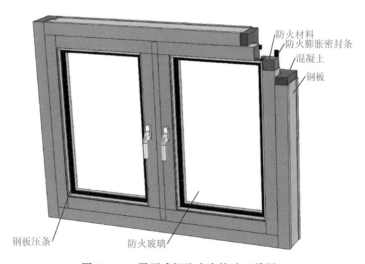

图 2-3-12　平开式钢防火窗构造三维图 1

防火材料
防火膨胀密封条
防火玻璃
钢板压条
混凝土

图 2-3-13　平开式钢防火窗构造三维图 2

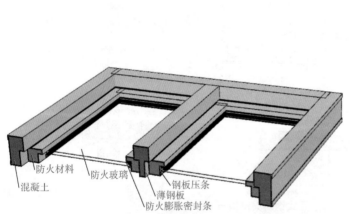

防火材料
防火玻璃
混凝土
钢板压条
薄钢板
防火膨胀密封条

图 2-3-14　平开式钢防火窗构造节点详图 1

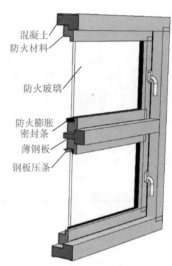

混凝土
防火材料
防火玻璃
防火膨胀
密封条
薄钢板
钢板压条

图 2-3-15　平开式钢防火窗构造节点
详图 2

图 2-3-16　平开式钢防火窗实物图

三、 平开、固定钢防火窗

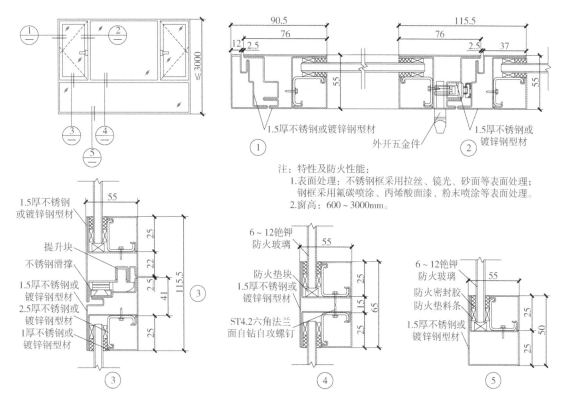

1.5厚不锈钢或镀锌钢型材
外开五金件
1.5厚不锈钢或镀锌钢型材

注：特性及防火性能：
1.表面处理：不锈钢框采用拉丝、镜光、砂面等表面处理；
钢框采用氟碳喷涂、丙烯酸面漆、粉末喷涂等表面处理。
2.窗高：600～3000mm。

1.5厚不锈钢或镀锌钢型材
提升块
不锈钢滑撑
1.5厚不锈钢或镀锌钢型材
2.5厚不锈钢或镀锌钢型材
1厚不锈钢或镀锌钢型材

6～12铯钾防火玻璃
防火垫块
1.5厚不锈钢或镀锌钢型材
ST4.2六角法兰面自钻自攻螺钉

6～12铯钾防火玻璃
防火密封胶防火垫料条
1.5厚不锈钢或镀锌钢型材

图2-3-17　平开、固定钢防火窗构造节点详图

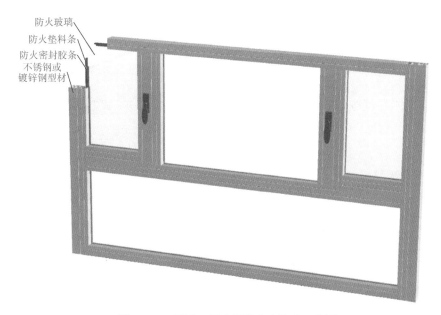

防火玻璃
防火垫料条
防火密封胶条
不锈钢或镀锌钢型材

图2-3-18　平开、固定钢防火窗构造三维图

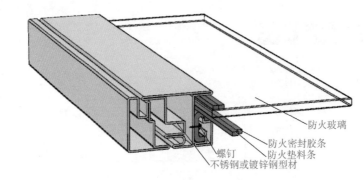

图 2-3-19　平开、固定钢防火窗构造节点详图 1

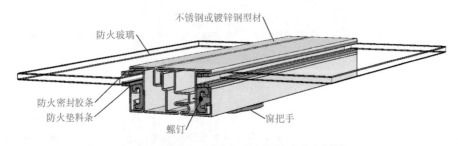

图 2-3-20　平开、固定钢防火窗构造节点详图 2

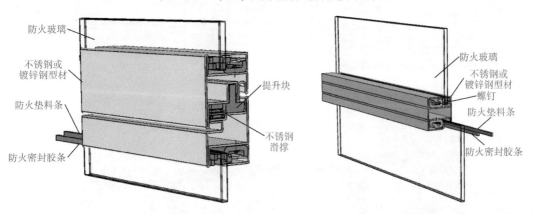

图 2-3-21　平开、固定钢防火窗构造节点详图 3　　　图 2-3-22　平开、固定钢防火窗构造节点详图 4

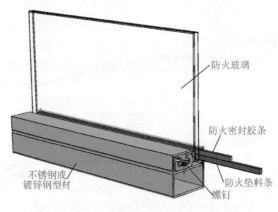

图 2-3-23　平开、固定钢防火窗构造节点详图 5

图 2-3-24　平开、固定钢防火窗实物图

四、钢防火窗洞安装

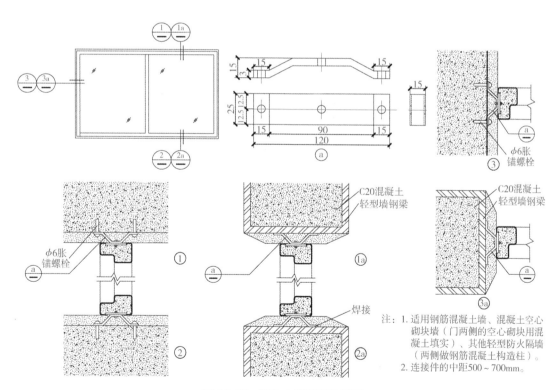

注：1. 适用钢筋混凝土墙、混凝土空心
　　砌块墙（门两侧的空心砌块用混
　　凝土填实）、其他轻型防火隔墙
　　（两侧做钢筋混凝土构造柱）。
　　2. 连接件的中距500～700mm。

图 2-3-25　钢防火窗洞安装详图

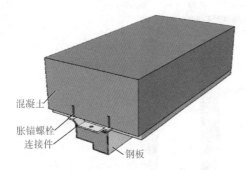

图 2-3-26　钢防火窗洞安装详图 1 三维图

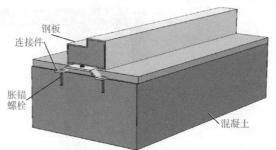

图 2-3-27　钢防火窗洞安装详图 2 三维图

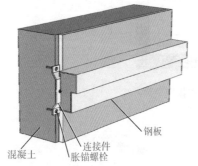

图 2-3-28　钢防火窗洞安装详图 3 三维图

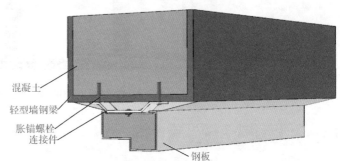

图 2-3-29　钢防火窗洞安装详图 1a 三维图

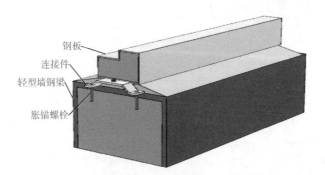

图 2-3-30　钢防火窗洞安装详图 2a 三维图

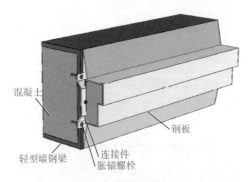

图 2-3-31　钢防火窗洞安装详图 3a 三维图

五、固定式木防火窗

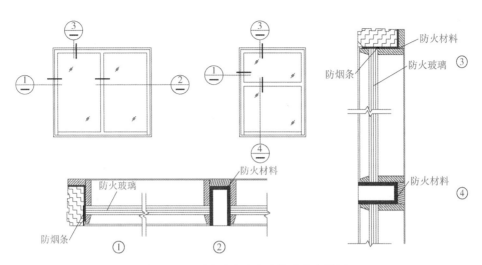

图 2-3-32 固定式木防火窗构造节点详图

图 2-3-33 固定式木防火窗
构造 1 三维图

图 2-3-34 固定式木防火窗
构造 2 三维图

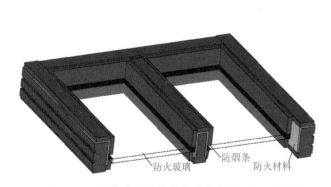

图 2-3-35 固定式木防火窗构造节点详图 1 三维图

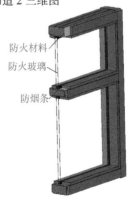

图 2-3-36 固定式木防火窗
构造节点详图 2 三维图

六、平开式木防火窗

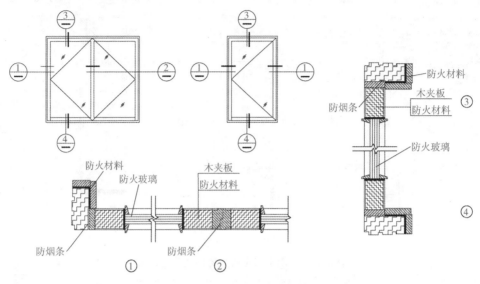

图 2-3-37　平开式木防火窗构造节点详图

图 2-3-38　平开式木防火窗构造 1 三维图

图 2-3-39　平开式木防火窗构造 2 三维图

图 2-3-40　平开式木防火窗构造节点详图 1 三维图

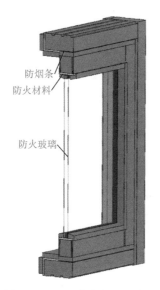

图 2-3-41　开放式木防火窗构造
节点详图 2 三维图

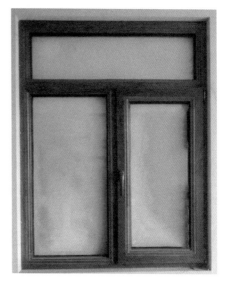

图 2-3-42　木防火窗实物图

七、节能钢防火窗

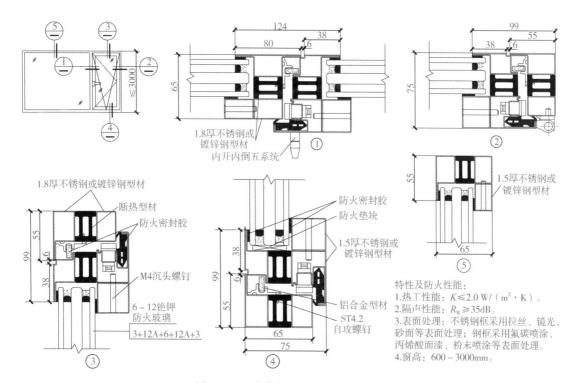

① 1.8厚不锈钢或镀锌钢型材
内开内倒五系统

②

③ 1.8厚不锈钢或镀锌钢型材
断热型材
防火密封胶
M4沉头螺钉
6～12瑜钾
防火玻璃
3+12A+6+12A+3

④ 防火密封胶
防火垫块
1.5厚不锈钢或镀锌钢型材
铝合金型材
ST4.2
自攻螺钉

⑤ 1.5厚不锈钢或镀锌钢型材

特性及防火性能:
1.热工性能: $K \leqslant 2.0$ W/（m²·K）。
2.隔声性能: $R_w \geqslant 35$dB。
3.表面处理: 不锈钢框采用拉丝、镜光、砂面等表面处理; 钢框采用氟碳喷涂、丙烯酸漆、粉末喷涂等表面处理。
4.窗高: 600～3000mm。

图 2-3-43　节能钢防火窗构造节点详图

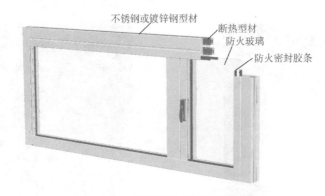

图 2-3-44　节能钢防火窗构造三维图

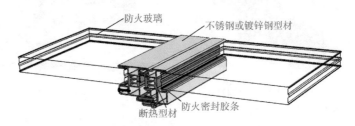

图 2-3-45　节能钢防火窗构造节点 1 三维图

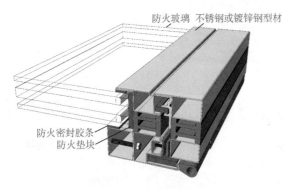

图 2-3-46　节能钢防火窗构造节点 2 三维图

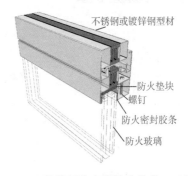

图 2-3-47　节能钢防火窗构造节点 3 三维图

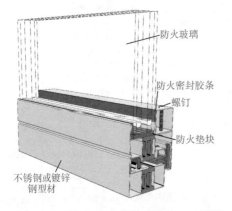

图 2-3-48　节能钢防火窗构造节点 4 三维图

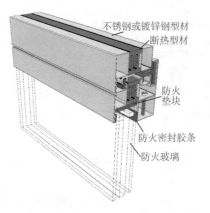

图 2-3-49　节能钢防火窗构造节点 5 三维图

说明：

1）防火窗所用材料应符合《防火窗》（GB 16809—2008）的有关规定。

2）建筑中的防火窗通常分为固定式防火窗、活动式防火窗。固定式防火窗无可开启的窗扇；活动式防火窗设有可开启窗扇，且装配有窗扇启闭控制装置，该装置具有手动启闭功能，至少具有易熔合金件或玻璃球等热敏元件自动控制关闭的功能，热敏感元件在 64℃ 下 5min 内不应动作，在 74℃ 下 1min 内应能动作，窗扇自动关闭时间不应大于 60s。

3）防火窗的钢构件除镀锌件或制造时已按规定做了防护涂料的，可不另做处理外，均需除锈（除锈等级不低于 Sa2.5 级或 St3 级）后涂醇酸铁红底漆一遍，涂醇酸磁漆两遍，醇酸清漆一遍。木防火窗表面经抛光打磨后涂醇酸清漆一遍，醇酸腻子嵌缝、刮平、打磨，涂醇酸磁漆两遍，醇酸清漆一遍。有更高要求的涂层由工程设计另行规定。

图 2-3-50　节能钢防火窗实物图

◀ 第四节　防火门 ▶

一、钢防火门

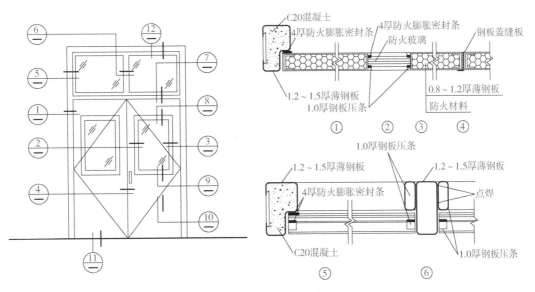

图 2-4-1　钢防火门构造节点详图 1

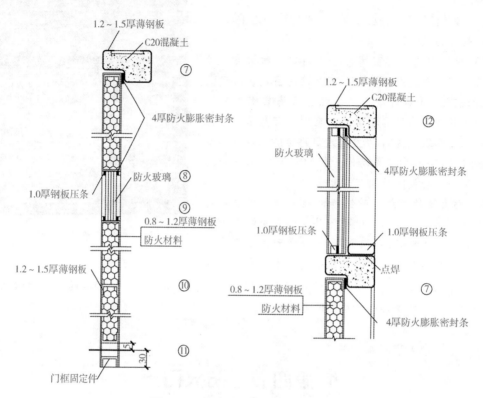

图 2-4-2　钢防火门构造节点详图 2

图 2-4-3　钢防火门构造节点三维图

二、 钢防火门洞与门框连接示意

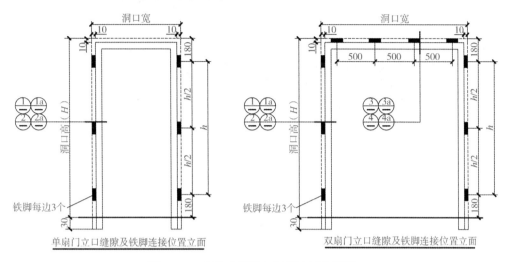

图 2-4-4　钢防火门洞与门框连接示意图 1

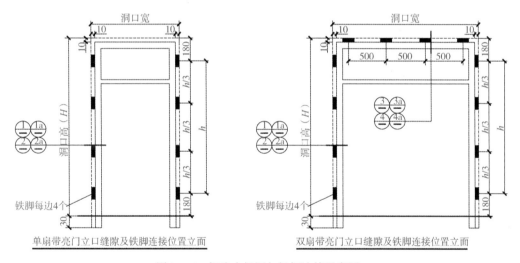

图 2-4-5　钢防火门洞与门框连接示意图 2

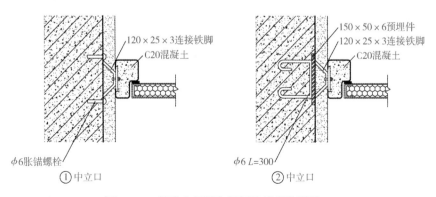

图 2-4-6　钢防火门洞与门框连接安装详图 1

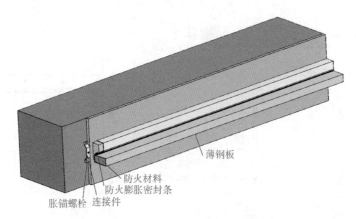

图 2-4-7　钢防火门洞与门框连接安装详图 1-①三维图

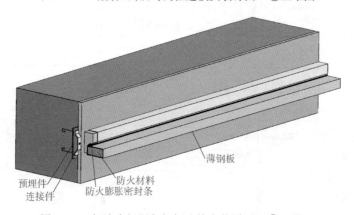

图 2-4-8　钢防火门洞与门框连接安装详图 1-②三维图

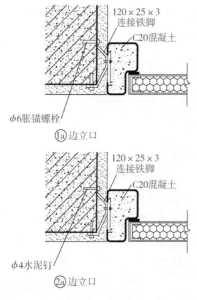

图 2-4-9　钢防火门洞与门框连接
安装详图 2

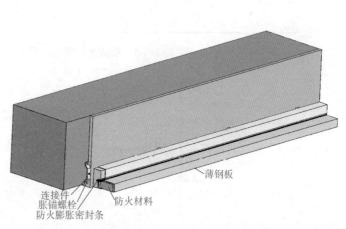

图 2-4-10　钢防火门洞与门框连接安装详图 2-1a 三维图

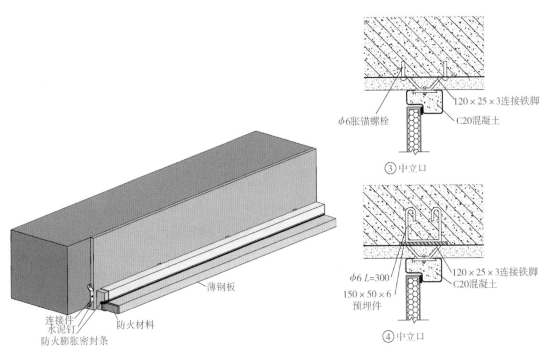

图 2-4-11　钢防火门洞与门框连接安装详图 2-2a 三维图

图 2-4-12　钢防火门洞与门框连接
安装详图 3

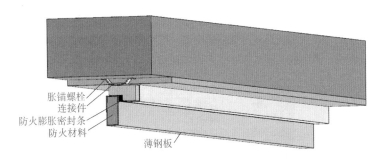

图 2-4-13　钢防火门洞与门框连接安装详图 3-1 三维图

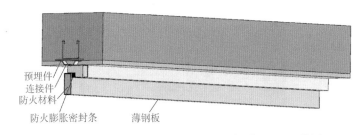

图 2-4-14　钢防火门洞与门框连接安装详图 3-2 三维图

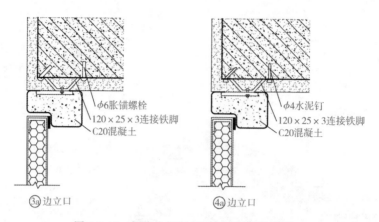

③a 边立口　　　　　　　④a 边立口

图2-4-15　钢防火门洞与门框连接安装详图4

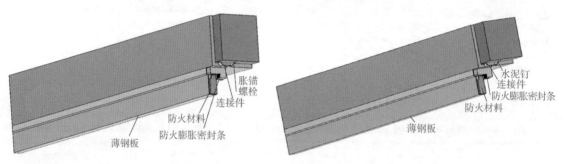

图2-4-16　钢防火门洞与门框连接安装
　　　　　详图4-3a 三维图

图2-4-17　钢防火门洞与门框连接安装
　　　　　详图4-4a 三维图

注：使用墙体：钢筋混凝土墙；混凝土空心砌块墙（门两侧的空心砌块用混凝土填实）或做钢筋混凝
　　土构造柱；砖墙；其他轻型防火隔墙（两侧做钢筋混凝土构造柱）。

图2-4-18　钢防火门实物图

三、 木夹板防火门

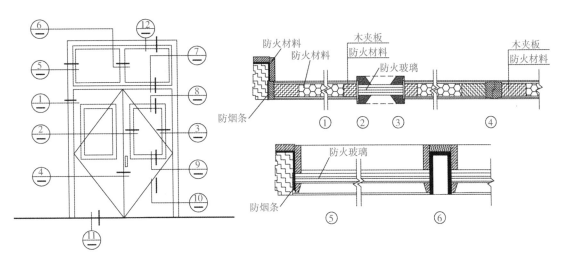

图 2-4-19　木夹板防火门构造节点详图 1

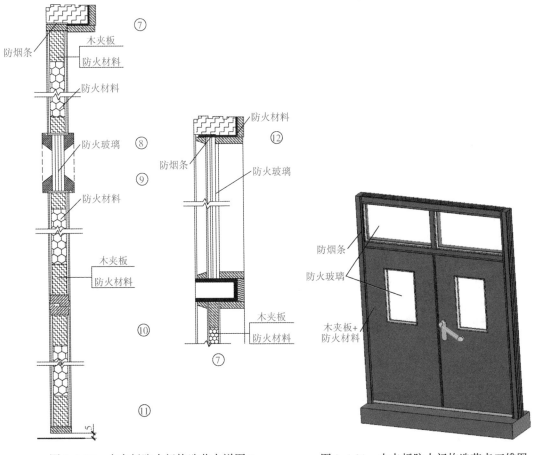

图 2-4-20　木夹板防火门构造节点详图 2　　　　图 2-4-21　木夹板防火门构造节点三维图

四、木装饰防火门

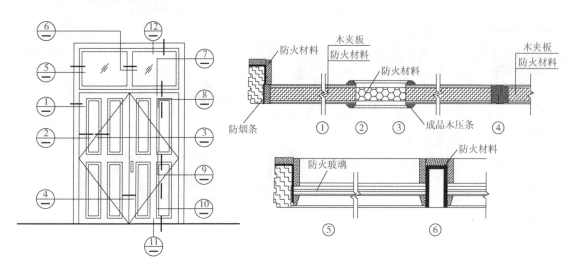

图 2-4-22　木装饰防火门构造节点详图 1

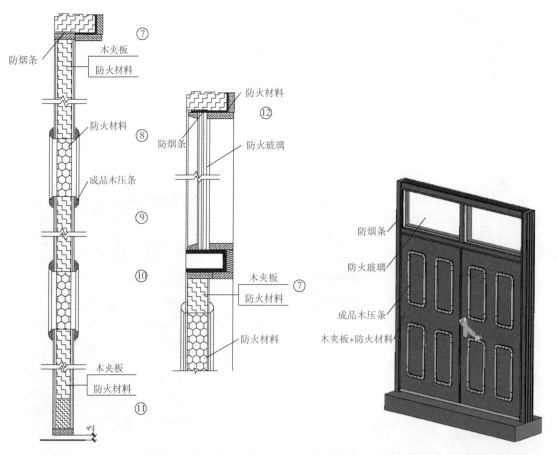

图 2-4-23　木装饰防火门构造节点详图 2　　　图 2-4-24　木装饰防火门构造节点三维图

五、模压板防火门

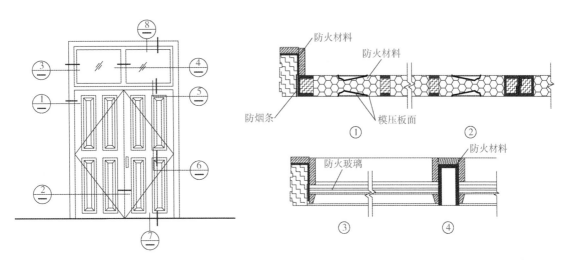

图 2-4-25　模压板防火门构造节点详图 1

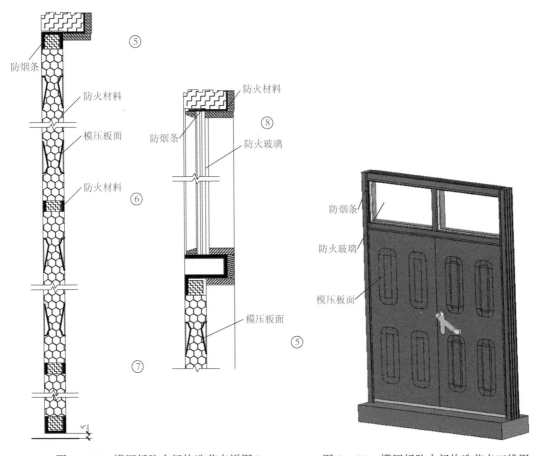

图 2-4-26　模压板防火门构造节点详图 2

图 2-4-27　模压板防火门构造节点三维图

六、 木防火门洞与门框连接

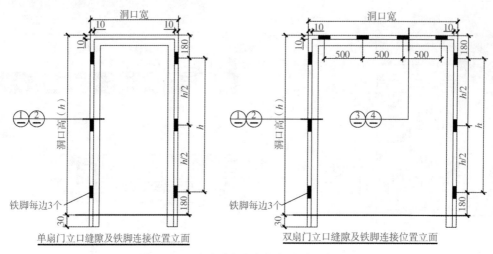

图 2-4-28　木防火门洞与门框连接示意图 1

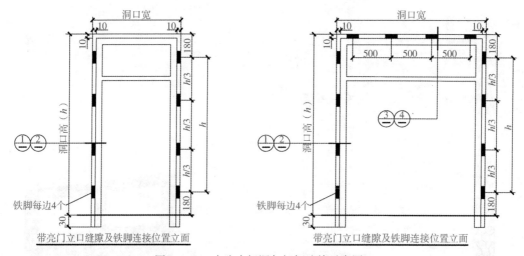

图 2-4-29　木防火门洞与门框连接示意图 2

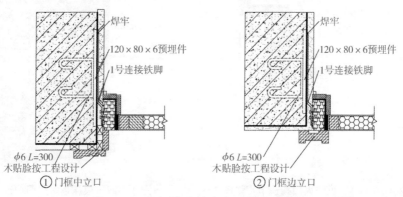

图 2-4-30　木防火门洞与门框连接安装详图 1

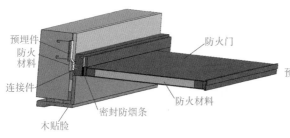

图 2-4-31　木防火门洞与门框连接
安装详图 1-1 三维图

图 2-4-32　木防火门洞与门框连接
安装详图 1-2 三维图

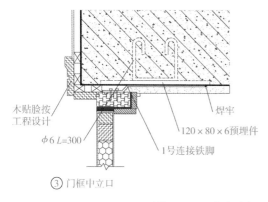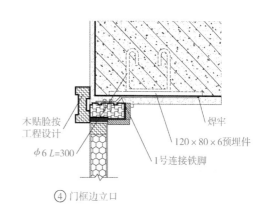

③ 门框中立口　　　　　　　　④ 门框边立口

图 2-4-33　木防火门洞与门框连接安装详图 2

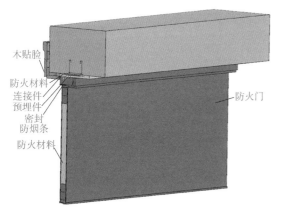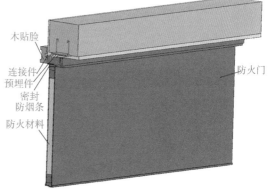

图 2-4-34　木防火门洞与门框连接
安装详图 2-3 三维图

图 2-4-35　木防火门洞与门框连接
安装详图 2-4 三维图

注：1. 木压条、木贴脸、筒子板的规格及线型由设计自定。

2. 位于底层及潮湿房间门洞口筒子板内的墙基面应加做涂料防潮。

3. 适用墙体：钢筋混凝土墙、混凝土空心砌块墙（门两侧的空心砌块用混凝土填实）或做钢筋混凝土构造柱、砖墙、其他轻型防火隔墙（两侧做钢筋混凝土构造柱）。

图 2-4-36　木防火门实物图

七、管道井木防火门

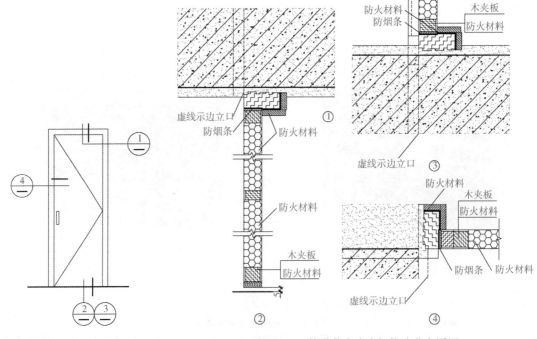

图 2-4-37　管道井木
　　　　　防火门示意图

图 2-4-38　管道井木防火门构造节点详图

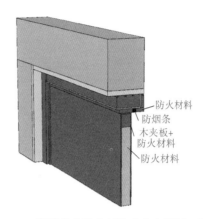

图 2-4-39　管道井木防火门构造三维图　　图 2-4-40　管道井木防火门构造节点详图三维图①

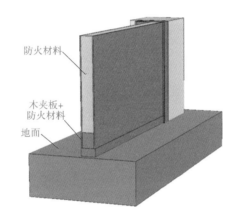

图 2-4-41　管道井木防火门构造节点详图三维图②

八、管道井钢防火门

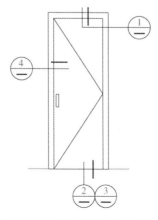

图 2-4-42　管道井钢防火门示意图

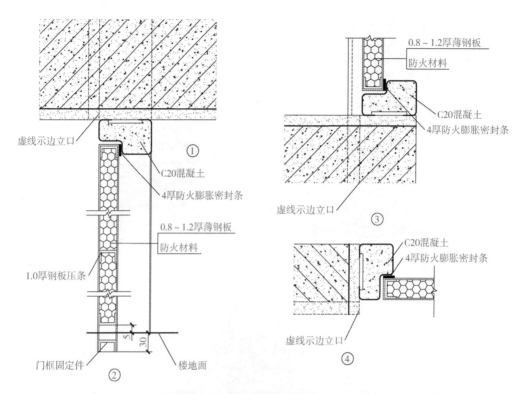

图 2-4-43　管道井钢防火门构造节点详图

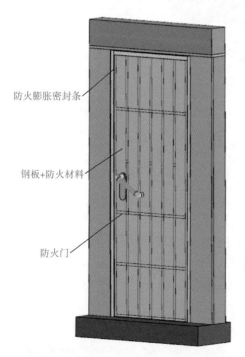

图 2-4-44　管道井钢防火门构造三维图

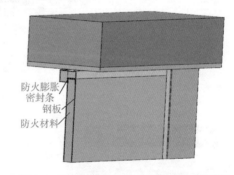

图 2-4-45　管道井钢防火门构造三维图①

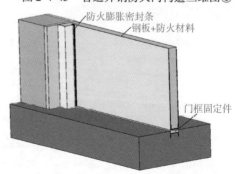

图 2-4-46　管道井钢防火门构造三维图②

说明：

1）防火门框、门扇板应采用性能不低于冷轧薄钢板的钢制材料，所用加固件可采用性能不低于热轧钢材的钢质材料。

2）防火门所用木材应为阻燃木材或采用防火板包裹的复合材，并经国家授权的检测机构检验达到难燃性要求，所用木材经阻燃处理，再进行干燥处理后的含水率不应大于12%。

3）防火门所用人造板应经国家授权的检测机构达到难燃性要求，所用人造板经阻燃处理，再进行干燥处理后的含水率不应大于12%，人造板在制成防火门后含水率不应大于当地的平衡含水率。

4）防火填充材料：防火门门扇内的填充材料应为对人体无毒无害的防火隔热材料，并经国家授权的检测机构检验达到《建筑材料及制品燃烧性能分级》（GB 8624—2012）的要求。

5）防火门的钢构件除镀锌件或制造时已按规定做了防护涂料的，可不另做处理外，均需除锈（除锈等级不低于Sa2.5级或St3级）后涂醇酸铁红底漆一遍，涂醇酸磁漆两遍，醇酸清漆一遍。木防火门表面经抛光打磨后涂醇酸清漆一遍，醇酸腻子嵌缝、刮平、打磨，涂醇酸磁漆两遍，醇酸清漆一遍。有更高要求的涂层由工程设计另行规定。

◀ **第五节　防火卷帘** ▶

一、钢防火卷帘侧向连接

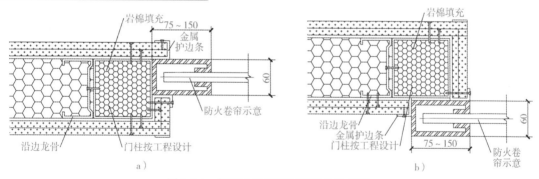

图 2-5-1　钢防火卷帘侧向连接构造详图 1

a）中装平面图　b）侧装平面图

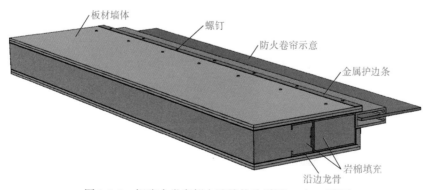

图 2-5-2　钢防火卷帘侧向连接构造详图 1-a）三维图

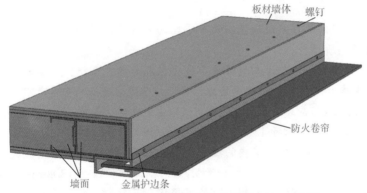

图 2-5-3　钢防火卷帘侧向连接构造详图 1-b）三维图

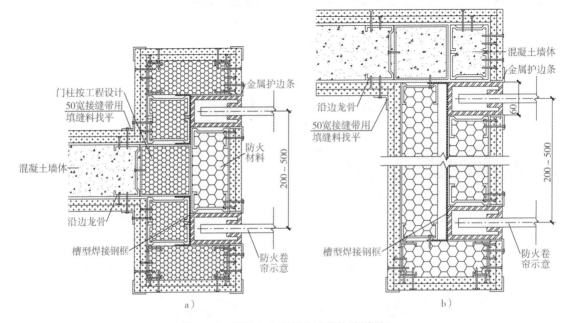

a）

b）

图 2-5-4　钢防火卷帘侧向连接构造详图 2

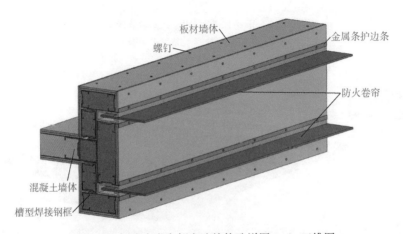

图 2-5-5　钢防火卷帘侧向连接构造详图 2-a）三维图

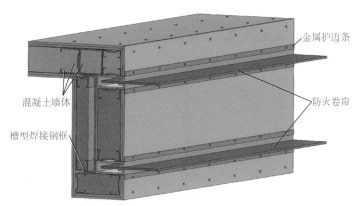

图 2-5-6 钢防火卷帘侧向连接构造详图 2-b) 三维图

二、钢防火卷帘顶部连接

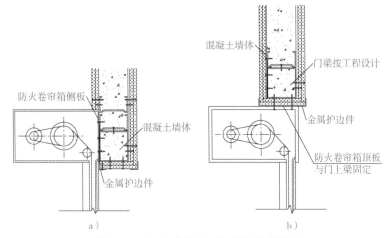

图 2-5-7 钢防火卷帘顶部连接构造详图

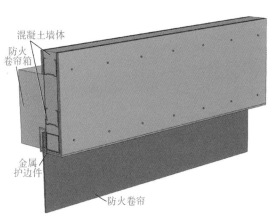

图 2-5-8 钢防火卷帘顶部连接构造详图 a)
三维图

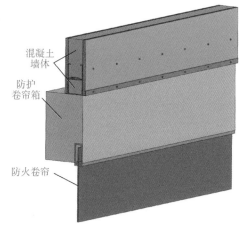

图 2-5-9 钢防火卷帘顶部连接构造详图 b)
三维图

三、 防火卷帘单导轨安装装饰构造节点

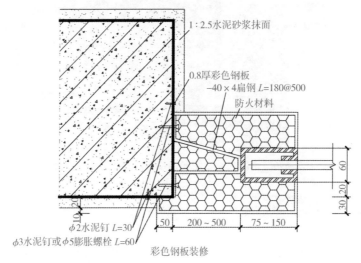

图 2-5-10　防火卷帘单导轨安装装饰构造节点详图 1

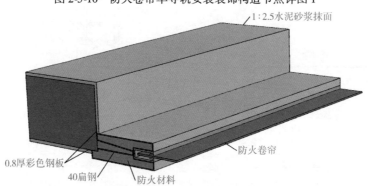

图 2-5-11　防火卷帘单导轨安装装饰构造节点详图 1 三维图

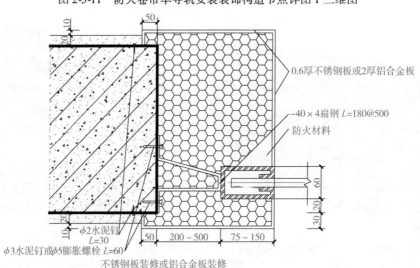

图 2-5-12　防火卷帘单导轨安装装饰构造节点详图 2

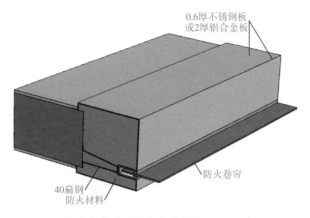

0.6厚不锈钢板
或2厚铝合金板

防火卷帘

40扁钢
防火材料

图 2-5-13　防火卷帘单导轨安装装饰构造节点详图 2 三维图

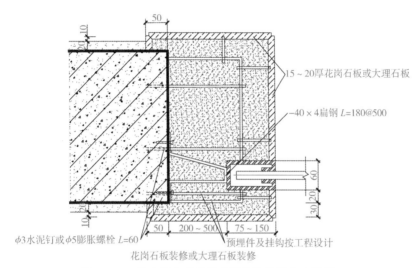

50

15～20厚花岗石板或大理石板

−40×4扁钢 L=180@500

60

30　20

ϕ3水泥钉或ϕ5膨胀螺栓 L=60

50　　200～500　　75～150

预埋件及挂钩按工程设计

花岗石板装修或大理石板装修

图 2-5-14　防火卷帘单导轨安装装饰构造节点详图 3

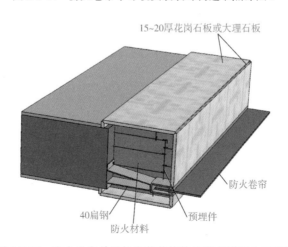

15~20厚花岗石板或大理石板

防火卷帘

40扁钢

预埋件

防火材料

图 2-5-15　防火卷帘单导轨安装装饰构造节点详图 3 三维图

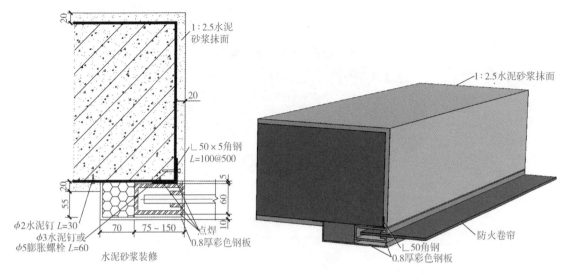

图 2-5-16　防火卷帘单导轨安装装饰
构造节点详图 4

图 2-5-17　防火卷帘单导轨安装装饰
构造节点详图 4 三维图

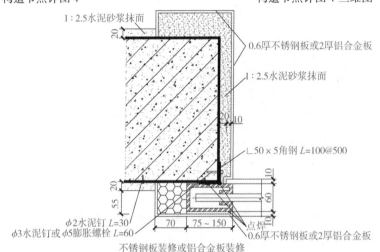

图 2-5-18　防火卷帘单导轨安装装饰构造节点详图 5

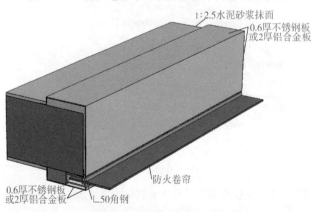

图 2-5-19　防火卷帘单导轨安装装饰构造节点详图 5 三维图

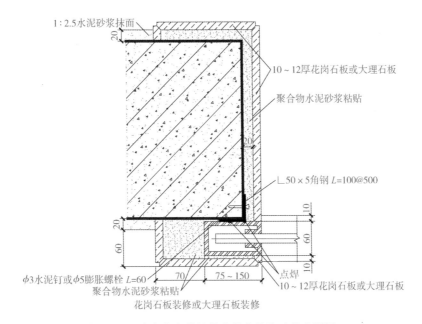

图 2-5-20　防火卷帘单导轨安装装饰构造节点详图 6

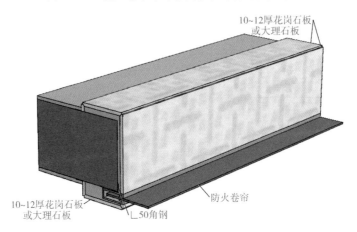

图 2-5-21　防火卷帘单导轨安装装饰构造节点详图 6 三维图

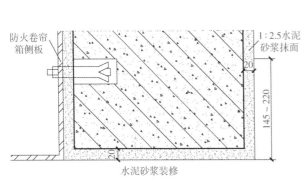

图 2-5-22　防火卷帘单导轨安装装饰构造节点详图 7

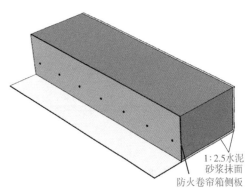

图 2-5-23　防火卷帘单导轨安装装饰
构造节点详图 7 三维图

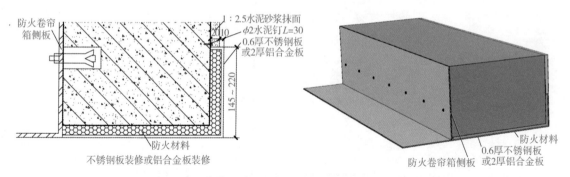

图 2-5-24 防火卷帘单导轨安装装饰
构造节点详图 8

图 2-5-25 防火卷帘单导轨安装装饰
构造节点详图 8 三维图

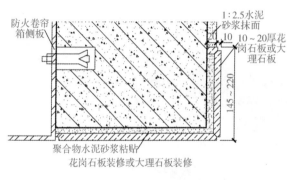

图 2-5-26 防火卷帘单导轨安装装饰
构造节点详图 9

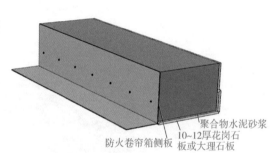

图 2-5-27 防火卷帘单导轨安装装饰
构造节点详图 9 三维图

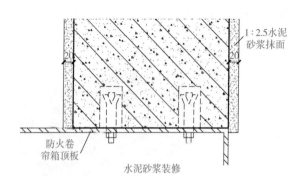

图 2-5-28 防火卷帘单导轨安装装饰
构造节点详图 10

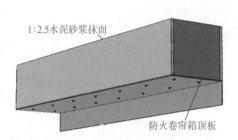

图 2-5-29 防火卷帘单导轨安装装饰构造
节点详图 10 三维图

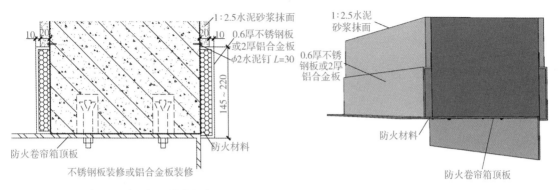

图 2-5-30　防火卷帘单导轨安装装饰构造节点详图 11

图 2-5-31　防火卷帘单导轨安装装饰
构造节点详图 11 三维图

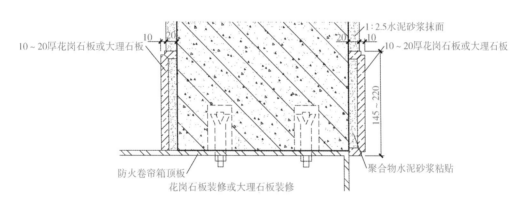

图 2-5-32　防火卷帘单导轨安装装饰构造节点详图 12

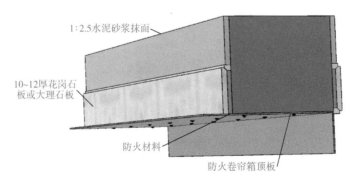

图 2-5-33　防火卷帘单导轨安装装饰构造节点详图 12 三维图

四、 防火卷帘双导轨安装装饰构造节点

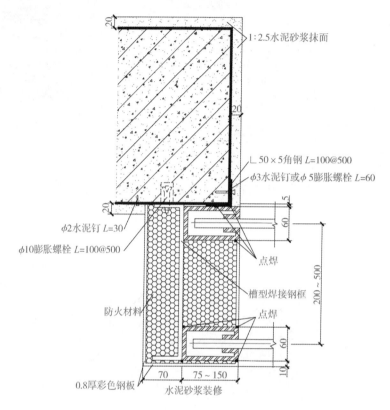

图 2-5-34　防火卷帘双导轨安装装饰构造节点详图 1

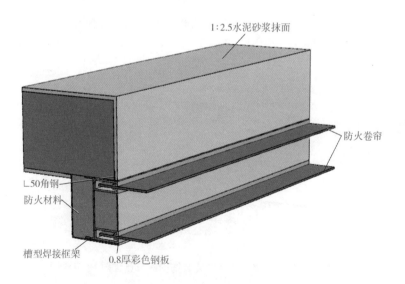

图 2-5-35　防火卷帘双导轨安装装饰构造节点详图 1 三维图

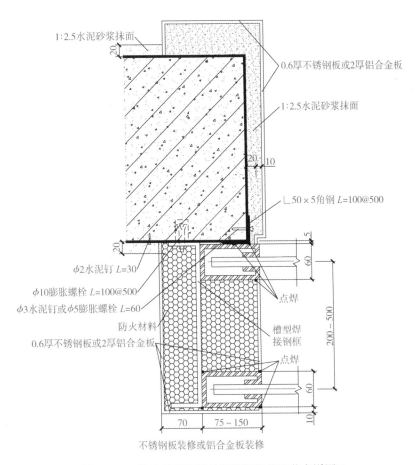

1:2.5水泥砂浆抹面

20

0.6厚不锈钢板或2厚铝合金板

1:2.5水泥砂浆抹面

20 | 10

∟50×5角钢 L=100@500

5

60

点焊

φ2水泥钉 L=30

φ10膨胀螺栓 L=100@500

φ3水泥钉或φ5膨胀螺栓 L=60

防火材料

0.6厚不锈钢板或2厚铝合金板

200～500

槽型焊接钢框

点焊

60

70 | 75～150

10

不锈钢板装修或铝合金板装修

图 2-5-36　防火卷帘双导轨安装装饰构造节点详图 2

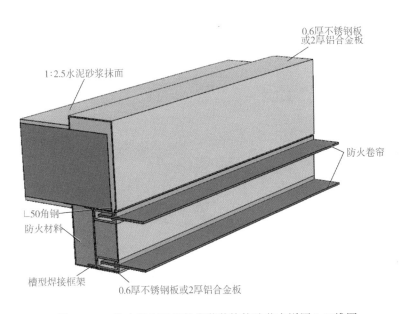

0.6厚不锈钢板或2厚铝合金板

1:2.5水泥砂浆抹面

防火卷帘

∟50角钢

防火材料

槽型焊接框架

0.6厚不锈钢板或2厚铝合金板

图 2-5-37　防火卷帘双导轨安装装饰构造节点详图 2 三维图

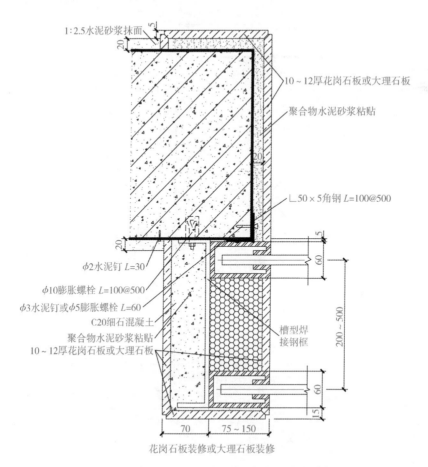

1:2.5水泥砂浆抹面

10～12厚花岗石板或大理石板

聚合物水泥砂浆粘贴

∟50×5角钢 L=100@500

φ2水泥钉 L=30

φ10膨胀螺栓 L=100@500

φ3水泥钉或φ5膨胀螺栓 L=60

C20细石混凝土

聚合物水泥砂浆粘贴

10～12厚花岗石板或大理石板

槽型焊接钢框

200～500

70

75～150

花岗石板装修或大理石板装修

图 2-5-38　防火卷帘双导轨安装装饰构造节点详图 3

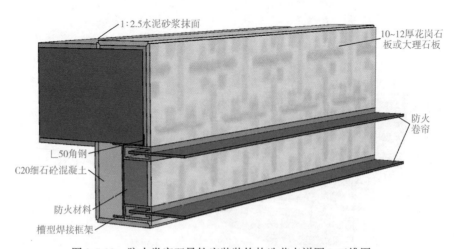

1:2.5水泥砂浆抹面

10～12厚花岗石板或大理石板

防火卷帘

∟50角钢

C20细石砼混凝土

防火材料

槽型焊接框架

图 2-5-39　防火卷帘双导轨安装装饰构造节点详图 3 三维图

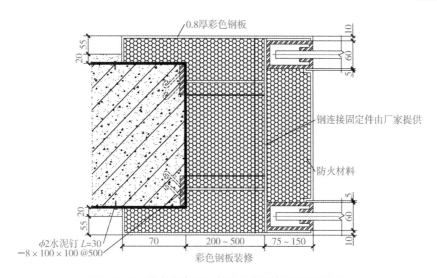

图 2-5-40　防火卷帘双导轨安装装饰构造节点详图 4

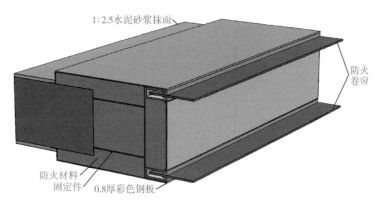

图 2-5-41　防火卷帘双导轨安装装饰构造节点详图 4 三维图

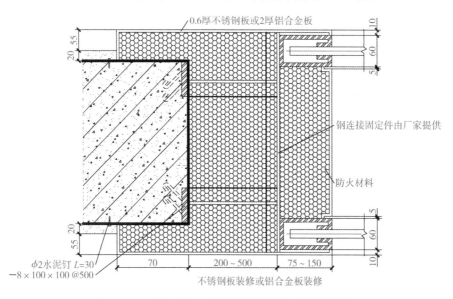

图 2-5-42　防火卷帘双导轨安装装饰构造节点详图 5

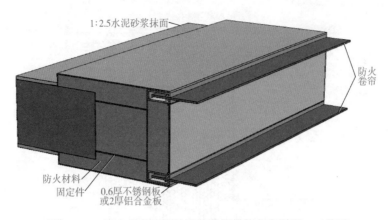

1:2.5水泥砂浆抹面

防火卷帘

防火材料
固定件

0.6厚不锈钢板
或2厚铝合金板

图 2-5-43　防火卷帘双导轨安装装饰构造节点详图 5 三维图

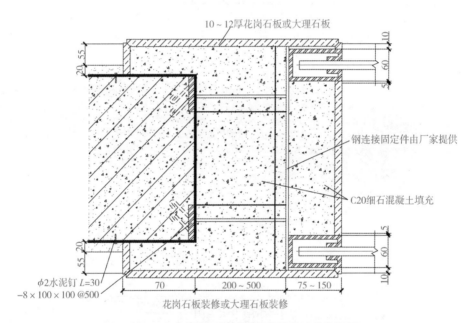

10~12厚花岗石板或大理石板

钢连接固定件由厂家提供

C20细石混凝土填充

ϕ2水泥钉 $L=30$
$-8 \times 100 \times 100$ @500

花岗石板装修或大理石板装修

图 2-5-44　防火卷帘双导轨安装装饰构造节点详图 6

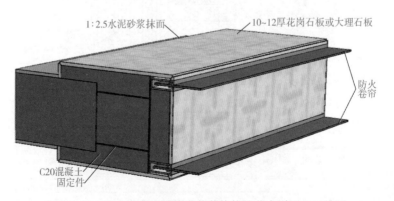

1:2.5水泥砂浆抹面

10~12厚花岗石板或大理石板

防火卷帘

C20混凝土
固定件

图 2-5-45　防火卷帘双导轨安装装饰构造节点详图 6 三维图

五、 带平开小窗钢防火卷帘安装装饰构造节点

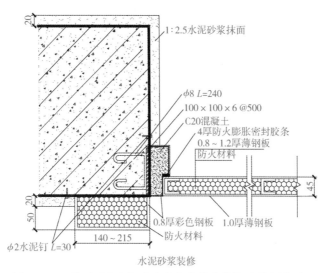

图 2-5-46 带平开小窗钢防火卷帘安装装饰构造节点详图 1

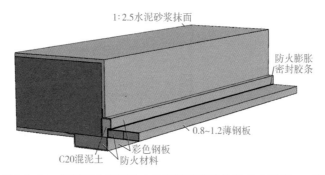

图 2-5-47 带平开小窗钢防火卷帘安装装饰构造节点详图 1 三维图

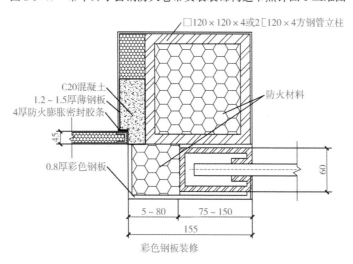

图 2-5-48 带平开小窗钢防火卷帘安装装饰构造节点详图 2

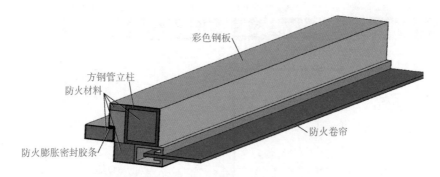

图 2-5-49　带平开小窗钢防火卷帘安装装饰构造节点详图 2 三维图

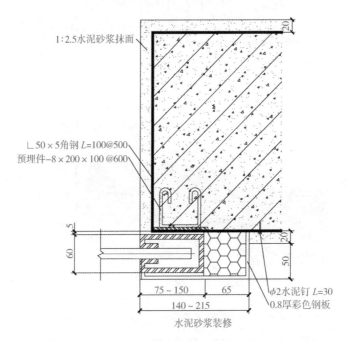

图 2-5-50　带平开小窗钢防火卷帘安装装饰构造节点详图 3

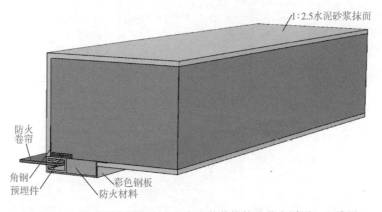

图 2-5-51　带平开小窗钢防火卷帘安装装饰构造节点详图 3 三维图

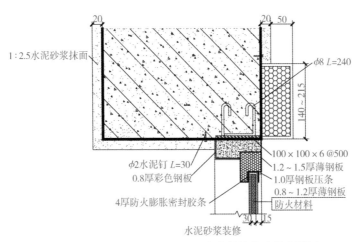

图 2-5-52　带平开小窗钢防火卷帘安装装饰构造节点详图 4

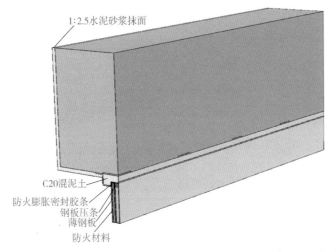

图 2-5-53　带平开小窗钢防火卷帘安装装饰构造节点详图 4 三维图

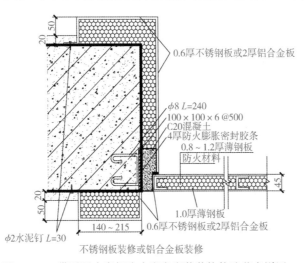

图 2-5-54　带平开小窗钢防火卷帘安装装饰构造节点详图 5

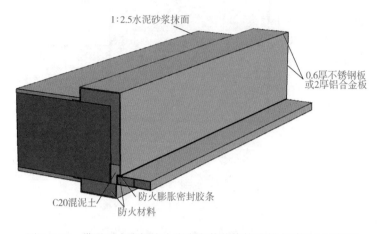

图 2-5-55　带平开小窗钢防火卷帘安装装饰构造节点详图 5 三维图

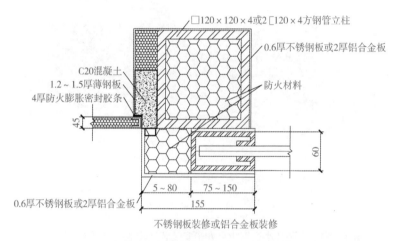

图 2-5-56　带平开小窗钢防火卷帘安装装饰构造节点详图 6

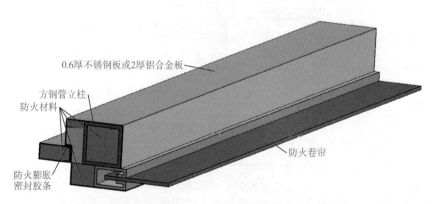

图 2-5-57　带平开小窗钢防火卷帘安装装饰构造节点详图 6 三维图

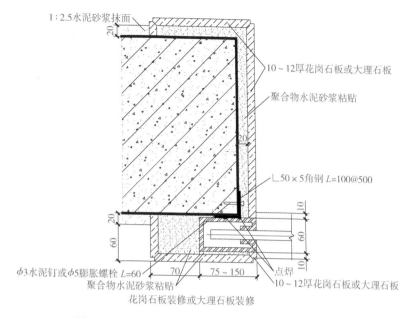

1：2.5水泥砂浆抹面

20

10～12厚花岗石板或大理石板

聚合物水泥砂浆粘贴

20

∟50×5角钢 *L*=100@500

10

60

60

10

ϕ3水泥钉或ϕ5膨胀螺栓 *L*=60
聚合物水泥砂浆粘贴
花岗石板装修或大理石板装修

70   75～150

点焊
10～12厚花岗石板或大理石板

图 2-5-20   防火卷帘单导轨安装装饰构造节点详图 6

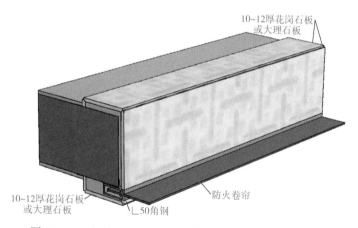

10～12厚花岗石板
或大理石板

10～12厚花岗石板
或大理石板

∟50角钢

防火卷帘

图 2-5-21   防火卷帘单导轨安装装饰构造节点详图 6 三维图

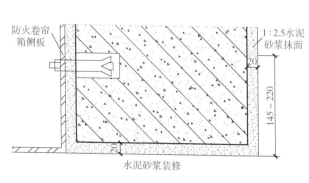

防火卷帘
箱侧板

1：2.5水泥
砂浆抹面

20

145～220

20

水泥砂浆装修

图 2-5-22   防火卷帘单导轨安装装饰构造节点详图 7

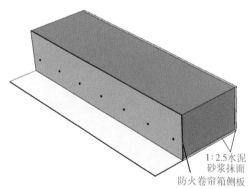

1：2.5水泥
砂浆抹面
防火卷帘箱侧板

图 2-5-23   防火卷帘单导轨安装装饰
构造节点详图 7 三维图

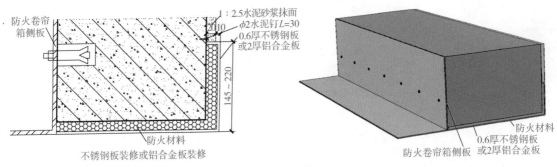

图 2-5-24 防火卷帘单导轨安装装饰
构造节点详图 8

图 2-5-25 防火卷帘单导轨安装装饰
构造节点详图 8 三维图

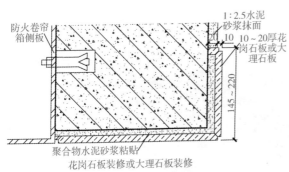

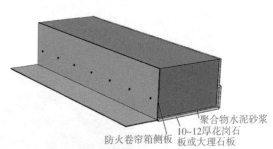

图 2-5-26 防火卷帘单导轨安装装饰
构造节点详图 9

图 2-5-27 防火卷帘单导轨安装装饰
构造节点详图 9 三维图

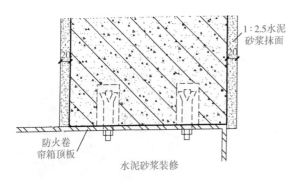

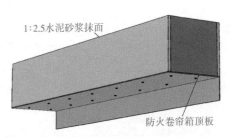

图 2-5-28 防火卷帘单导轨安装装饰
构造节点详图 10

图 2-5-29 防火卷帘单导轨安装装饰构造
节点详图 10 三维图

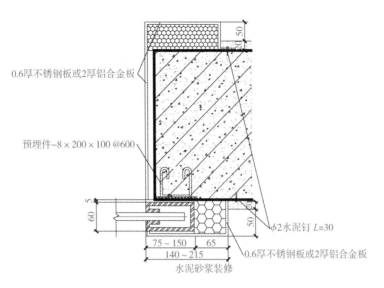

0.6厚不锈钢板或2厚铝合金板

预埋件−8×200×100 @600

$\phi2$水泥钉 $L=30$

0.6厚不锈钢板或2厚铝合金板

75~150 65
140~215

水泥砂浆装修

图 2-5-58　带平开小窗钢防火卷帘安装装饰构造节点详图 7

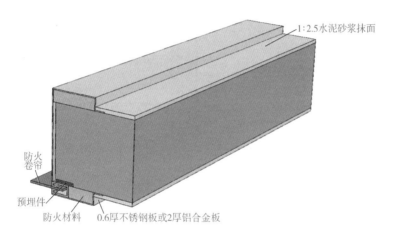

1:2.5水泥砂浆抹面

防火卷帘
预埋件
防火材料　0.6厚不锈钢板或2厚铝合金板

图 2-5-59　带平开小窗钢防火卷帘安装装饰构造节点详图 7 三维图

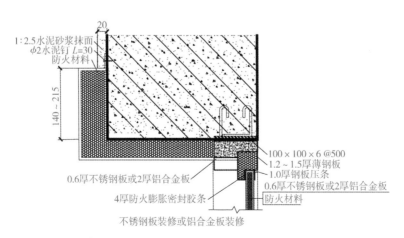

20
1:2.5水泥砂浆抹面
$\phi2$水泥钉 $L=30$
防火材料

140~215

100×100×6 @500
1.2~1.5厚薄钢板
1.0厚钢板压条
0.6厚不锈钢板或2厚铝合金板
防火材料

0.6厚不锈钢板或2厚铝合金板
4厚防火膨胀密封胶条
不锈钢板装修或铝合金板装修

图 2-5-60　带平开小窗钢防火卷帘安装装饰构造节点详图 8

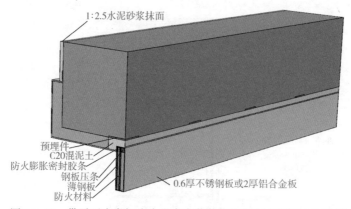

1:2.5水泥砂浆抹面

预埋件
C20混凝土
防火膨胀密封胶条
钢板压条
薄钢板
防火材料

0.6厚不锈钢板或2厚铝合金板

图 2-5-61　带平开小窗钢防火卷帘安装装饰构造节点详图 8 三维图

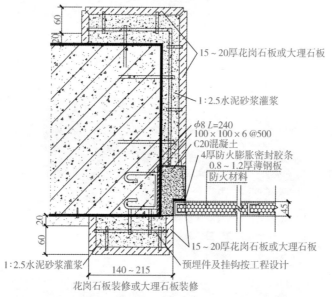

15~20厚花岗石板或大理石板

1:2.5水泥砂浆灌浆

$\phi 8\ L=240$
$100 \times 100 \times 6$ @500
C20混凝土
4厚防火膨胀密封胶条
0.8~1.2厚薄钢板
防火材料

15~20厚花岗石板或大理石板

1:2.5水泥砂浆灌浆

140~215

预埋件及挂钩按工程设计

花岗石板装修或大理石板装修

图 2-5-62　带平开小窗钢防火卷帘安装装饰构造节点详图 9

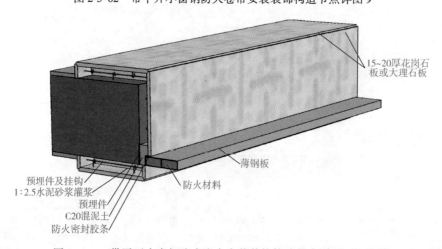

15~20厚花岗石板或大理石板

薄钢板

预埋件及挂钩
1:2.5水泥砂浆灌浆
预埋件
C20混泥土
防火密封胶条

防火材料

图 2-5-63　带平开小窗钢防火卷帘安装装饰构造节点详图 9 三维图

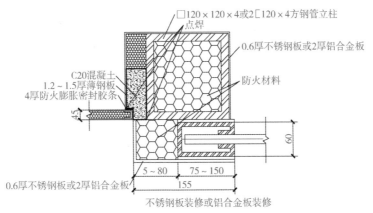

图 2-5-64　带平开小窗钢防火卷帘安装装饰构造节点详图 10

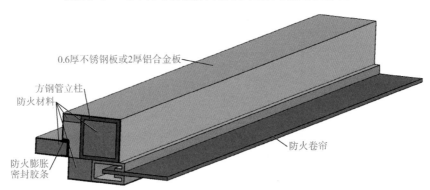

图 2-5-65　带平开小窗钢防火卷帘安装装饰构造节点详图 10 三维图

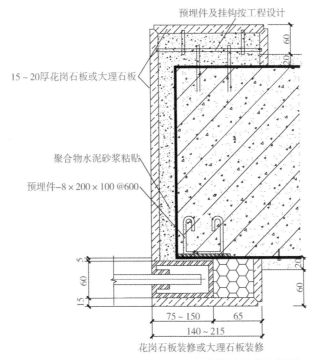

图 2-5-66　带平开小窗钢防火卷帘安装装饰构造节点详图 11

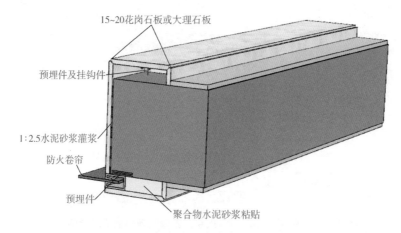

15~20花岗石板或大理石板

预埋件及挂钩件

1:2.5水泥砂浆灌浆

防火卷帘

预埋件

聚合物水泥砂浆粘贴

图 2-5-67　带平开小窗钢防火卷帘安装装饰构造节点详图 11 三维图

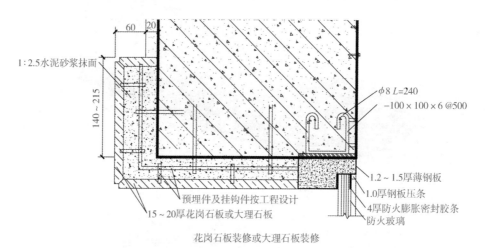

60　20

1:2.5水泥砂浆抹面

140~215

$\phi 8\ L=240$

$-100 \times 100 \times 6\ @500$

1.2~1.5厚薄钢板

1.0厚钢板压条

4厚防火膨胀密封胶条

防火玻璃

预埋件及挂钩件按工程设计

15~20厚花岗石板或大理石板

花岗石板装修或大理石板装修

图 2-5-68　带平开小窗钢防火卷帘安装装饰构造节点详图 12

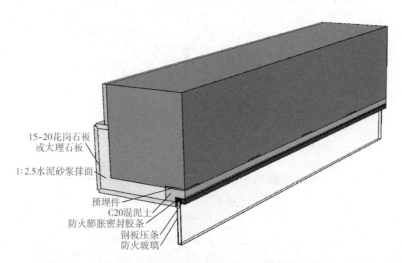

15~20花岗石板
或大理石板

1:2.5水泥砂浆抹面

预埋件

C20混泥土

防火膨胀密封胶条

钢板压条

防火玻璃

图 2-5-69　带平开小窗钢防火卷帘安装装饰构造节点详图 12 三维图

图 2-5-70　防火卷帘实物图

六、防火卷帘下缘构造节点

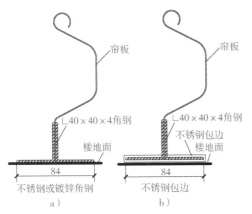

图 2-5-71　防火卷帘下缘构造节点详图 1

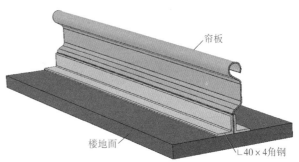

图 2-5-72　防火卷帘下缘构造节点详图 1-a）三维图

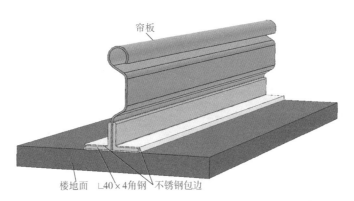

图 2-5-73　防火卷帘下缘构造节点详图 1-b）三维图

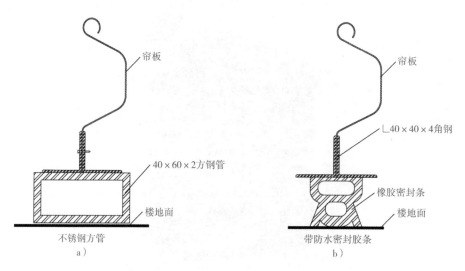

图 2-5-74　防火卷帘下缘构造节点详图 2

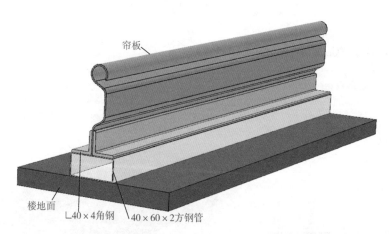

图 2-5-75　防火卷帘下缘构造节点详图 2-a) 三维图

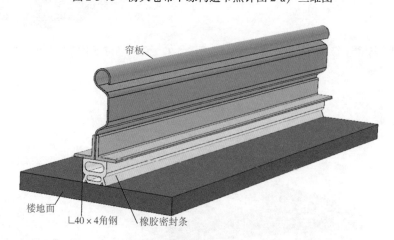

图 2-5-76　防火卷帘下缘构造节点详图 2-b) 三维图

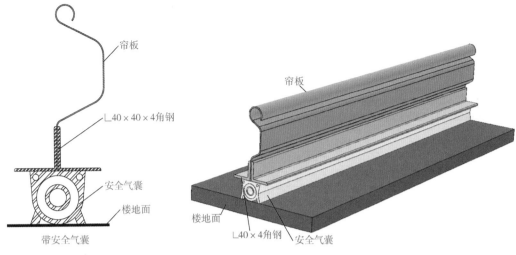

图 2-5-77　防火卷帘下缘构造
节点详图 3

图 2-5-78　防火卷帘下缘构造节点详图 3 三维图

说明：

1）防火卷帘的分类、耐火等级及其帘板、导轨、门楣、座板、传动装置、卷门机、控制箱的加工精度及用料规格等需遵循《防火卷帘》（GB 14102—2005）的规定。防火防烟卷帘导轨及门楣内还应设有防烟装置，该装置应用不燃或难燃材料制作。

2）防火卷帘金属零部件表面不应有裂纹、压坑及明显的凹凸、锤痕、毛刺、孔洞等缺陷，其表面应做防锈处理，涂层、镀层应均匀，不得有斑驳、流淌现象。

3）防火卷帘无机纤维复合帘面不应有撕裂、缺角、挖补、破洞、倾斜、跳线、经纬纱密度明显不匀及色差等缺陷，夹板应平直，夹持应牢固，基布的经向应是帘面的受力方向，帘面应美观、平直、整洁。

4）无机纤维复合防火卷帘帘面的装饰布或基布应能在 -20℃ 的条件下不发生脆裂并应保持一定的弹性；在 -50℃ 的条件下不应粘连。帘面装饰布的燃烧性能不应低于 B1 级（纺织物）的要求；基布的燃烧性能不应低于 A 级的要求，帘面所用各类纺织物常温下的断裂强度经向不应低于 600N/5cm，纬向不应低于 300N/5cm。

5）各零部件的组装、拼装处不应有错位。焊接处应牢固，外观应平整，不应有夹渣、漏焊、疏松等现象。

◀ 第六节 钢结构防火节点构造 ▶

一、 独立工字型钢柱单层包覆构造

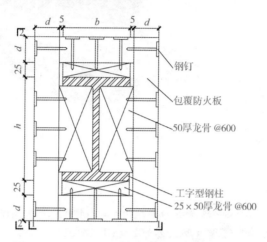

图 2-6-1 独立工字型钢柱单层包覆构造平面图

注:1. h 表示工字型钢柱高度,b 表示工字型钢柱宽度,d 表示防火板厚度,防火板厚度应由设计人员根据耐火极限计算确定。

2. 防火板相邻板应错缝 300mm 以上。

3. 龙骨中距 600mm,采用耐高温胶粘剂与钢构件连接,连接件(钢钉、自攻螺钉)与板材边缘的距离为 10 ~ 20mm,每个固定件沉入板面 1mm,钉距为 100 ~ 200mm。

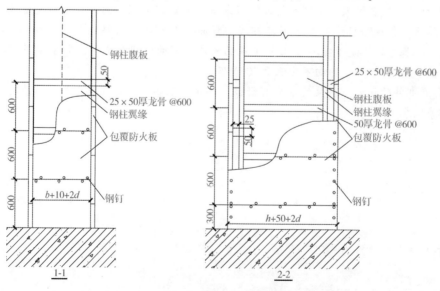

图 2-6-2 独立工字型钢柱单层包覆构造剖面图

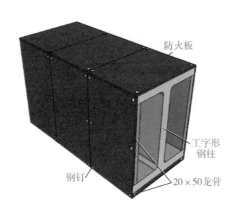

图 2-6-3　独立工字型钢柱单层包覆构造三维图

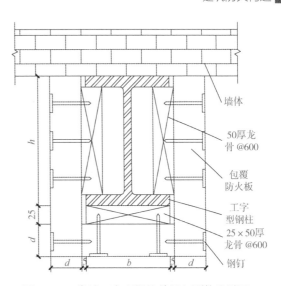

图 2-6-4　靠墙工字型钢柱单层包覆构造详图 1

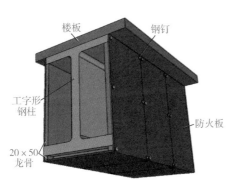

图 2-6-5　靠墙工字型钢柱单层
包覆构造详图 1 三维图

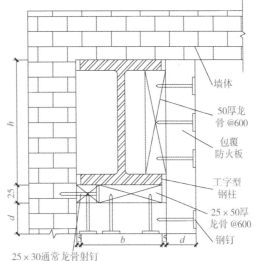

图 2-6-6　靠墙工字型钢柱单层包覆构造详图 2

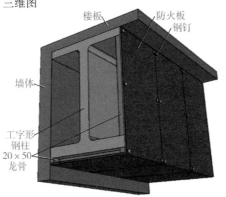

图 2-6-7　靠墙工字型钢柱单层包覆构造详图 2 三维图

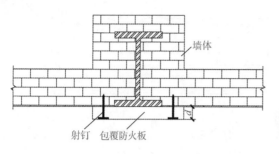

图 2-6-8　靠墙工字型钢柱单层包覆构造详图 3

图 2-6-9　靠墙工字型钢柱单层包覆
构造详图 3 三维图

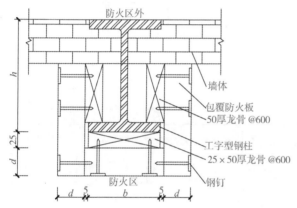

图 2-6-10　靠墙工字型钢柱单层包覆构造详图 4

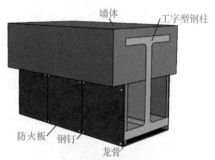

图 2-6-11　靠墙工字型钢柱单层包覆
构造详图 4 三维图

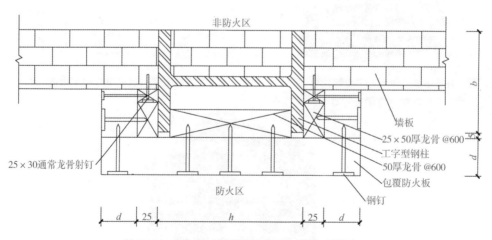

图 2-6-12　靠墙工字型钢柱单层包覆构造详图 5

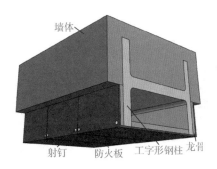

图 2-6-13　靠墙工字型钢柱单层包覆构造详图 5 三维图

注：墙体可为砖、混凝土、墙板等材料。

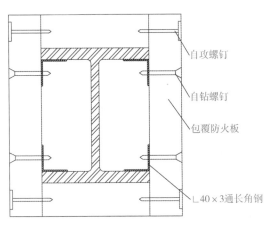

图 2-6-14　工字型钢柱角钢龙骨固定
单层构造详图 1

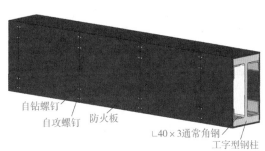

图 2-6-15　工字型钢柱角钢龙骨固定
单层构造详图 1 三维图

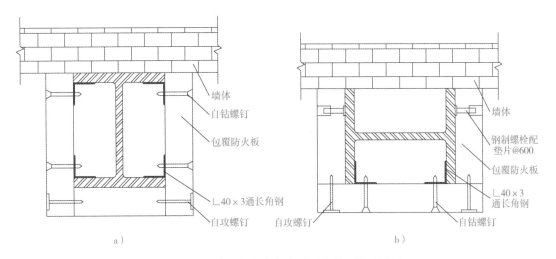

a）

b）

图 2-6-16　工字型钢柱角钢龙骨固定单层构造详图 2

77

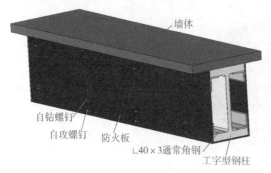

图 2-6-17　工字型钢柱角钢龙骨固定
单层构造详图 2-a）三维图

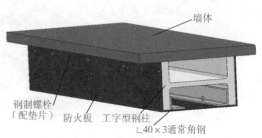

图 2-6-18　工字型钢柱角钢龙骨固定
单层构造详图 2-b）三维图

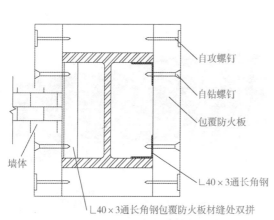

图 2-6-19　工字型钢柱角钢龙骨固定
单层构造详图 3

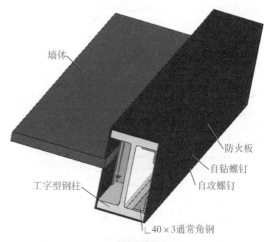

图 2-6-20　工字型钢柱角钢龙骨固定
单层构造详图 3 三维图

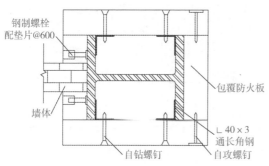

图 2-6-21　工字型钢柱角钢龙骨固定
单层构造详图 4

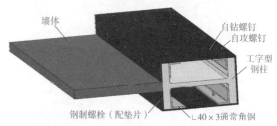

图 2-6-22　工字型钢柱角钢龙骨固定
单层构造详图 4 三维图

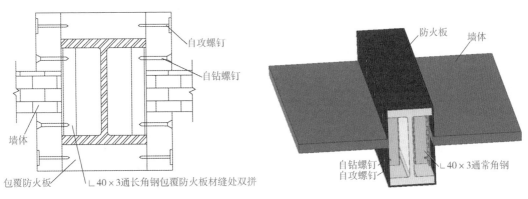

图 2-6-23 工字型钢柱角钢龙骨固定
单层构造详图 5

图 2-6-24 工字型钢柱角钢龙骨固定
单层构造详图 5 三维图

注：1. 墙体可为砖、混凝土、墙板等材料。

2. 板材与板材（龙骨）之间的连接件最小长度不小于 2 倍板厚减去 5mm。

3. 固定于墙体（楼板）的连接件伸入墙体内部的长度不小于 2 倍板厚。

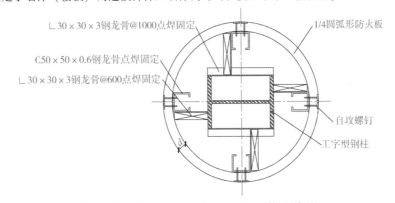

图 2-6-25 工字型钢柱单层圆形包覆构造详图 1

注：1. d 为防火板厚度。

2. 板材之间的水平对接缝应错位 300mm 以上。

3. 钢龙骨以点焊的方式固定在钢构件上，防火板材用自攻螺钉固定 C 形龙骨上，钉距为 200mm，自攻螺钉沉入板面 1mm。

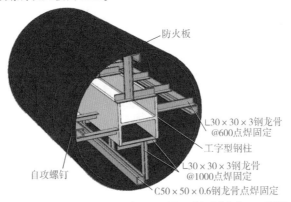

图 2-6-26 工字型钢柱单层圆形包覆构造详图 1 三维图

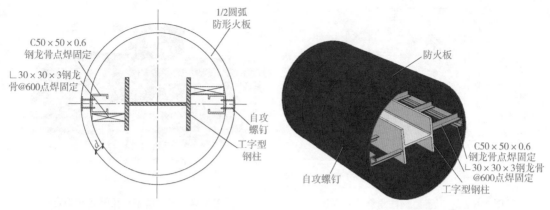

图 2-6-27　工字型钢柱单层圆形包覆构造详图 2

图 2-6-28　工字型钢柱单层圆形包覆构造
详图 2 三维图

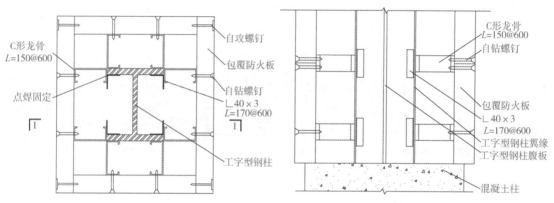

图 2-6-29　工字型钢柱与混凝土连接部分
防火构造详图平面

图 2-6-30　工字型钢柱与混凝土连接部分
防火构造详图剖面

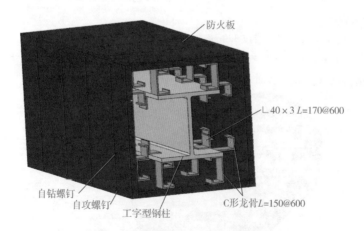

图 2-6-31　工字型钢柱与混凝土连接部分防火构造详图三维图

注：C 形龙骨尺寸由工程具体设计计算确定。

二、独立方钢管钢柱单层包覆构造

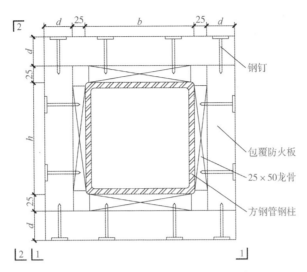

图 2-6-32　独立方钢管钢柱单层包覆构造详图平面

注：1. h 表示矩形钢柱高度，b 表示矩形钢柱宽度，d 表示防火板厚度，防火板厚度应由设计人员根据耐火极限计算确定。

2. 防火板相邻板应错缝 300mm 以上。

3. 龙骨中距 600mm，采用耐高温胶粘剂与钢构件连接，连接件（钢钉、自攻螺钉）与板材边缘的距离为 10～20mm，每个固定件沉入板面 1mm，钉距为 100～200mm。

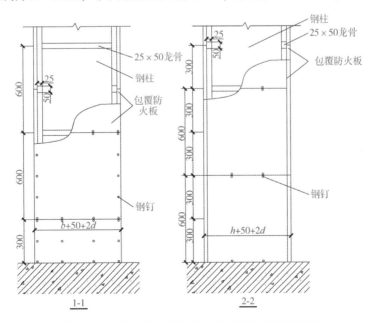

图 2-6-33　独立方钢管钢柱单层包覆构造详图剖面

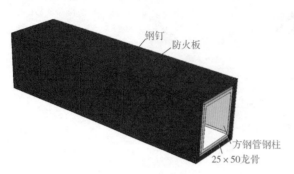

图 2-6-34　独立方钢管钢柱单层包覆构造详图三维图

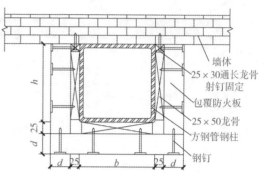

图 2-6-35　靠墙方钢管钢柱单层包覆构造详图 1

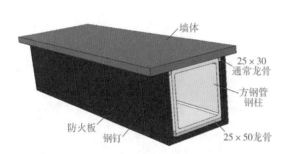

图 2-6-36　靠墙方钢管钢柱单层包覆构造详图 1 三维图

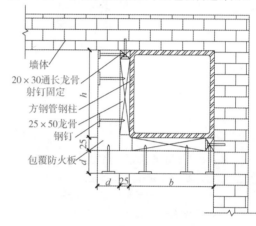

图 2-6-37　靠墙方钢管钢柱单层包覆构造详图 2

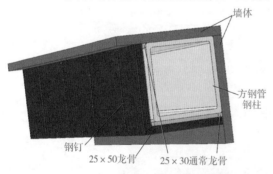

图 2-6-38　靠墙方钢管钢柱单层包覆构造详图 2 三维图

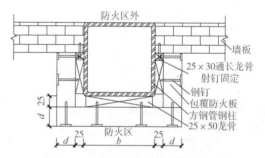

图 2-6-39　靠墙方钢管钢柱单层包覆构造详图 3

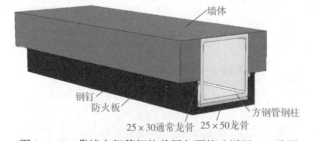

图 2-6-40　靠墙方钢管钢柱单层包覆构造详图 3 三维图

　　注：墙体可为砖、混凝土、墙板等材料。

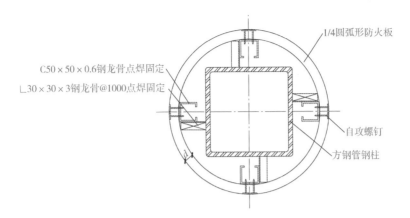

图 2-6-41　方钢管钢柱单层圆形包覆构造详图 1

注：1. d 为防火板厚。

　　2. 板材之间的水平对接缝应错位 300mm 以上。

　　3. 钢龙骨以点焊的方式固定在钢构件上，防火板用自攻螺钉固定在 C 形龙骨上，钉距为 200mm，自攻螺钉沉入板面 1mm，沉入部分用耐高温胶粘剂封堵。

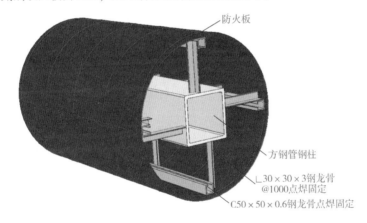

图 2-6-42　方钢管钢柱单层圆形包覆构造详图 1 三维图

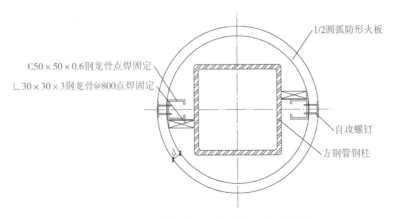

图 2-6-43　方钢管钢柱单层圆形包覆构造详图 2

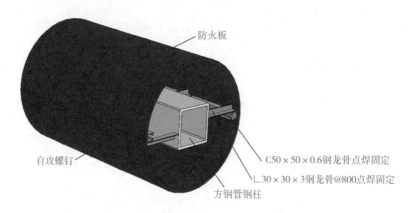

图 2-6-44 方钢管柱单层圆形包覆构造详图 2 三维图

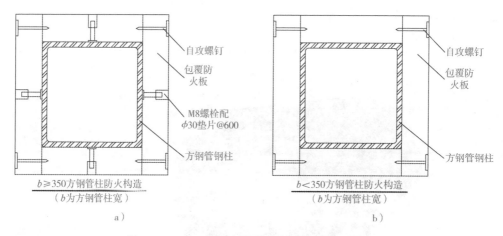

图 2-6-45 方、圆管钢柱单层紧贴包覆构造详图 1

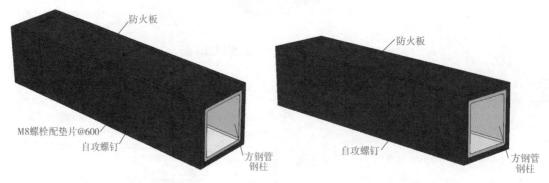

图 2-6-46 方钢管钢柱单层紧贴包覆
构造详图 a) 三维图
(b≥350方钢管柱防火构造, b 为方钢管柱宽)

图 2-6-47 方钢管钢柱单层紧贴包覆
构造详图 b) 三维图
(b<350方钢管柱防火构造, b 为方钢管柱宽)

三、独立圆钢管钢柱单层包覆构造

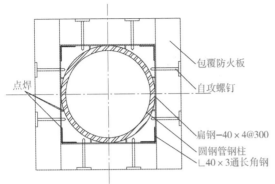

图 2-6-48　圆钢管钢柱单层紧贴包覆构造详图 1

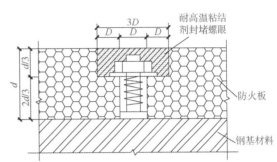

图 2-6-49　圆钢管钢柱单层紧贴包覆构造详图 2

注：d 为防火板厚，D 为螺栓头直径。

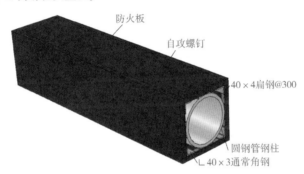

图 2-6-50　圆钢管钢柱单层紧贴包覆构造详图 1 三维图

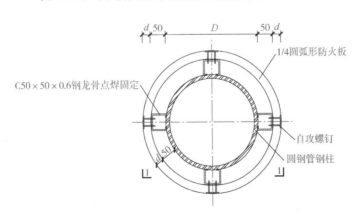

图 2-6-51　独立圆钢管钢柱单层包覆构造详图平面

注：1. D 表示圆形钢管外直径，d 表示防火板厚度，防火板厚度应由设计人员根据耐火极限计算确定。

　　2. 防火板相邻板应错缝 300mm 以上。

　　3. 龙骨中距 600mm，采用耐高温胶粘剂与钢构件连接，连接件（钢钉、自攻螺钉）与板材边缘的距离为 10 ~ 20mm，每个固定件沉入板面 1mm，钉距为 100 ~ 200mm。

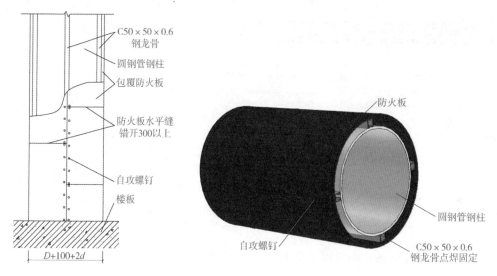

C50×50×0.6
钢龙骨

圆钢管钢柱

包覆防火板

防火板水平缝
错开300以上

自攻螺钉

楼板

$D+100+2d$

防火板

圆钢管钢柱

C50×50×0.6
钢龙骨点焊固定

自攻螺钉

图 2-6-52　独立圆钢管钢柱单层　　　　图 2-6-53　独立圆钢管钢柱单层包覆
包覆构造详图剖面　　　　　　　　　　构造详图三维图

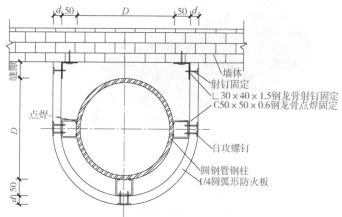

d 50　　　　D　　　　50 d

墙体
射钉固定
∟30×40×1.5钢龙骨射钉固定
C50×50×0.6钢龙骨点焊固定

缝隙

D

点焊

自攻螺钉

圆钢管钢柱

d 50

1/4圆弧形防火板

图 2-6-54　靠墙圆钢管钢柱单层包覆构造详图 1

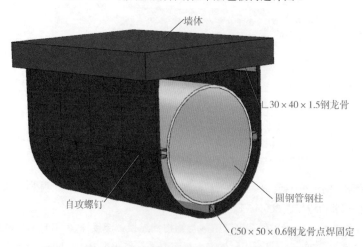

墙体

∟30×40×1.5钢龙骨

圆钢管钢柱

自攻螺钉

C50×50×0.6钢龙骨点焊固定

图 2-6-55　靠墙圆钢管钢柱单层包覆构造详图 1 三维图

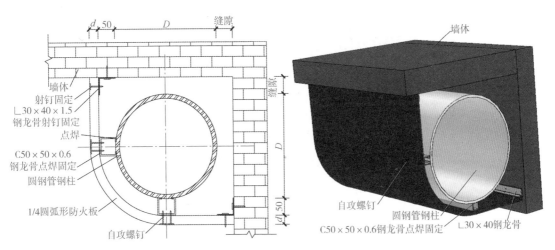

图 2-6-56　靠墙圆钢管钢柱单层包覆构造详图 2　　　图 2-6-57　靠墙圆钢管钢柱单层包覆构造详图 2
　　　　　　　　　　　　　　　　　　　　　　　　　　　　　　　　　　三维图

注：墙体可为砖、混凝土、墙板等材料。

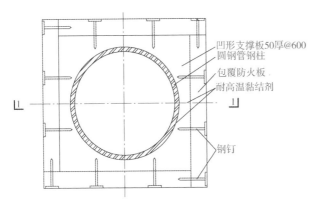

图 2-6-58　圆钢管钢柱单层方形包覆
构造详图 1 平面图

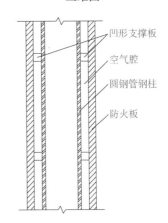

图 2-6-59　圆钢管钢柱单层方形包覆
构造详图 1 剖面图

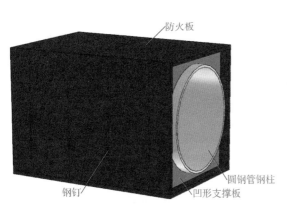

图 2-6-60　圆钢管钢柱单层方形包覆
构造详图 1 三维图

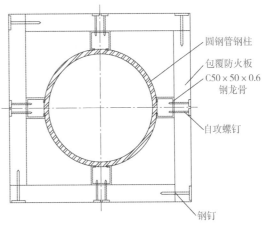

图 2-6-61　圆钢管钢柱单层方形包覆构造详图 2

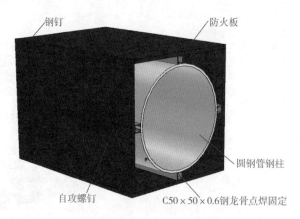

图 2-6-62 圆钢管钢柱单层方形包覆构造详图 2 三维图

注:1. ①为无机龙骨辅助构造,②为钢龙骨辅助构造。

2. 相邻板材之间的水平对接缝应错位 300mm 以上。

3. 角钢龙骨以点焊的方式固定在钢构件上,自攻螺钉钉距为 200mm,钢钉钉距为 150mm,连接件(钢钉、自攻螺钉)沉入板面 1mm。

四、 工字型钢梁单层包覆构造

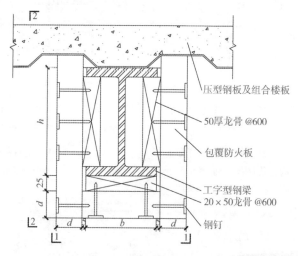

图 2-6-63 工字型钢梁单层包覆构造详图平面

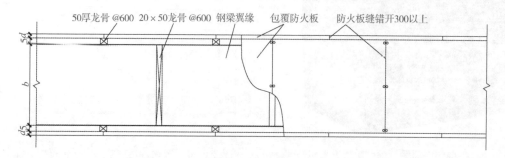

图 2-6-64 工字型钢梁单层包覆构造详图 1-1 剖面

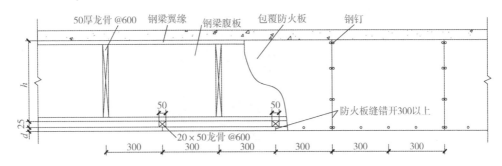

图 2-6-65　工字型钢梁单层包覆构造详图 2-2 剖面

注：1. h 表示工字型钢梁高度，b 表示工字型钢梁宽度，d 表示防火板厚度，防火板厚度应由设计人员根据耐火极限计算确定。

2. 防火板相邻板应错缝 300mm 以上。

3. 龙骨中距 600mm，采用耐高温胶粘剂与钢构件连接，连接件（钢钉、自攻螺钉）与板材边缘的距离为 10～20mm，每个固定件沉入板面 1mm，钉距为 100～200mm。

4. 当压型钢板板肋与钢梁正交的情况下，防火侧面板的上边缘应加工成同压型钢板的波浪形，板材安装时，应与压型钢板顶紧为宜。

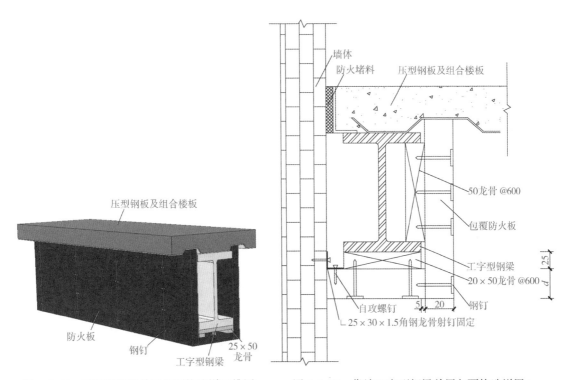

图 2-6-66　工字型钢梁单层包覆构造详三维图　　　图 2-6-67　靠墙工字型钢梁单层包覆构造详图 1

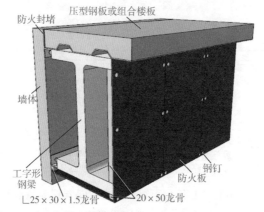

图 2-6-68　靠墙工字型钢梁单层包覆构造详图 1 三维图

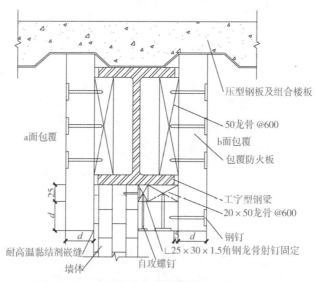

图 2-6-69　靠墙工字型钢梁单层包覆构造详图 2

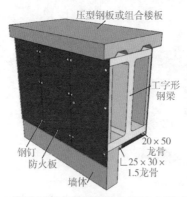

图 2-6-70　靠墙工字型钢梁单层包覆构造详图 2 三维图

注：1. 墙体可为砖、混凝土、墙板等材料。

　　2. 在钢梁下存在内隔墙情况下，a 面包覆为钢梁缩进内隔墙时的包覆，b 面包覆为钢梁突出内隔墙时的包覆。

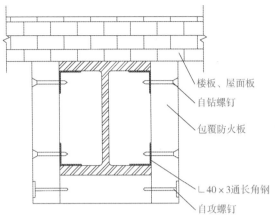

楼板、屋面板
自钻螺钉
包覆防火板
∟40×3通长角钢
自攻螺钉

图 2-6-71　工字型钢梁角钢龙骨固定单层包覆
构造详图 1

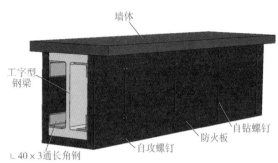

墙体
工字型
钢梁
∟40×3通长角钢
自攻螺钉
防火板
自钻螺钉

图 2-6-72　工字型钢梁角钢龙骨固定单层包覆
构造详图 1 三维图

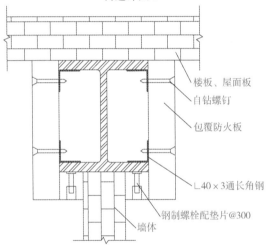

楼板、屋面板
自钻螺钉
包覆防火板
∟40×3通长角钢
钢制螺栓配垫片@300
墙体

图 2-6-73　工字型钢梁角钢龙骨固定单层包覆
构造详图 2

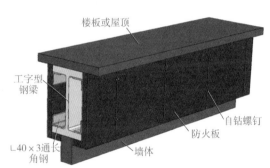

楼板或屋顶
工字型
钢梁
∟40×3通长
角钢
墙体
防火板
自钻螺钉

图 2-6-74　工字型钢梁角钢龙骨固定单层包覆
构造详图 2 三维图

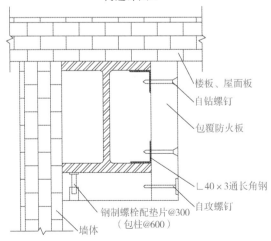

楼板、屋面板
自钻螺钉
包覆防火板
∟40×3通长角钢
自攻螺钉
钢制螺栓配垫片@300
（包柱@600）
墙体

图 2-6-75　工字型钢梁角钢龙骨固定单层
包覆构造详图 3

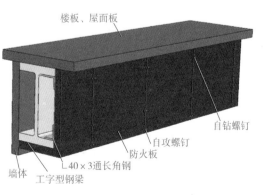

楼板、屋面板
墙体
工字型钢梁
∟40×3通长角钢
防火板
自攻螺钉
自钻螺钉

图 2-6-76　工字型钢梁角钢龙骨固定单层
包覆构造详图 3 三维图

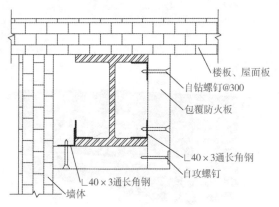

图 2-6-77　工字型钢梁角钢龙骨固定单层包覆
构造详图 4

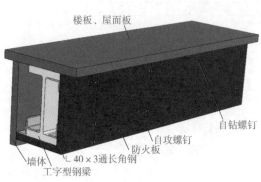

图 2-6-78　工字型钢梁角钢龙骨固定单层包覆
构造详图 4 三维图

注：1. 墙体可为砖、混凝土、墙板等材料。

　　2. 当钢构件与外墙有一定距离采用③-2 包覆。

五、 方钢管钢梁单层包覆构造

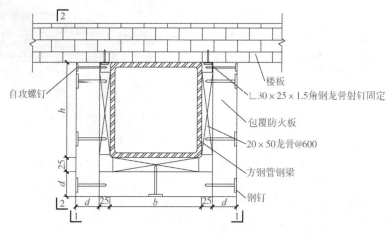

图 2-6-79　方钢管钢梁单层包覆构造详图平面

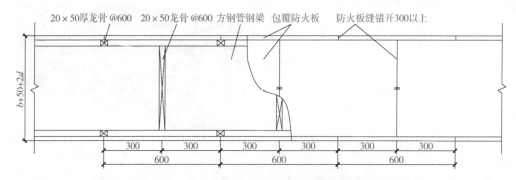

图 2-6-80　方钢管钢梁单层包覆构造详图 1-1 剖面

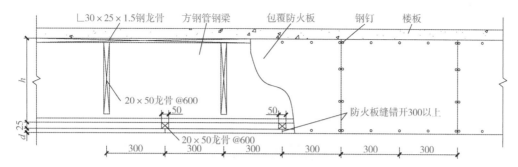

图 2-6-81　方钢管钢梁单层包覆构造详图 2-2 剖面

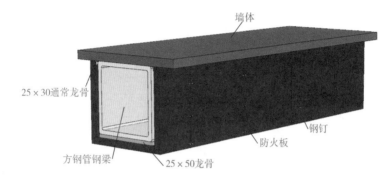

图 2-6-82　方钢管钢梁单层包覆构造三维图

注：1. h 表示钢梁高度，b 表示钢梁宽度，d 表示防火板厚度，防火板厚度应由设计人员根据耐火极限计算确定。

2. 防火板相邻板应错缝 300mm 以上。

3. 龙骨中距 600mm，采用耐高温胶粘剂与钢构件连接，连接件（钢钉、自攻螺钉）与板材边缘的距离为 10～20mm，每个固定件沉入板面 1mm，钉距为 100～200mm。

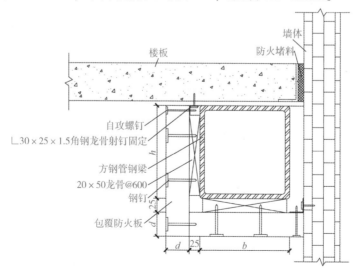

图 2-6-83　靠墙方钢管钢梁单层包覆构造详图 1

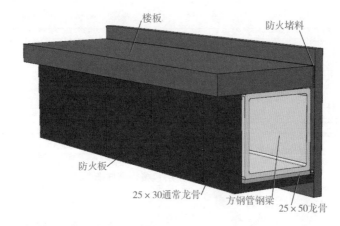

图 2-6-84　靠墙方钢管钢梁单层包覆构造详图 1 三维图

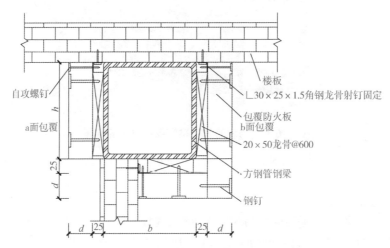

图 2-6-85　靠墙方钢管钢梁单层包覆构造详图 2

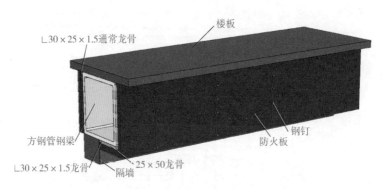

图 2-6-86　靠墙方钢管钢梁单层包覆构造详图 2 三维图

注：1. 墙体可为砖、混凝土、墙板等材料。

　　2. 在钢梁下存在内隔墙情况下，a 面包覆为钢梁缩进内隔墙时的包覆，b 面包覆为钢梁突出内隔
　　　墙时的包覆。

六、独立工字型钢柱双层包覆构造

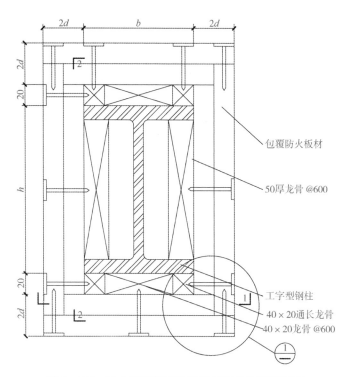

包覆防火板材

50厚龙骨 @600

工字型钢柱
40×20通长龙骨
40×20龙骨 @600

图 2-6-87　独立工字型钢柱双层包覆构造详图平面

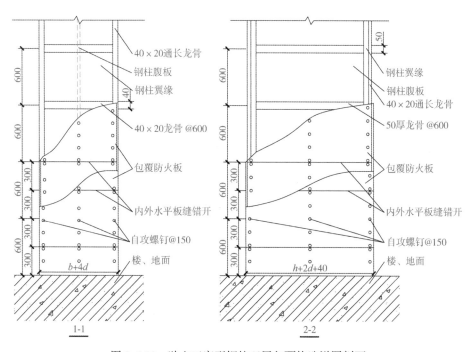

40×20通长龙骨
钢柱腹板
钢柱翼缘
40×20龙骨 @600
包覆防火板
内外水平板缝错开
自攻螺钉@150
楼、地面

1-1

钢柱翼缘
钢柱腹板
40×20通长龙骨
50厚龙骨 @600
包覆防火板
内外水平板缝错开
自攻螺钉@150
楼、地面

2-2

图 2-6-88　独立工字型钢柱双层包覆构造详图剖面

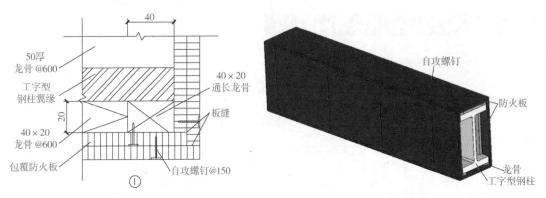

图 2-6-89　独立工字型钢柱双层包覆
构造详图细节面

图 2-6-90　独立工字型钢柱双层包覆
构造详三维图

注：1. 适用于工字型钢柱防火板包覆。

2. h 表示工字型钢柱高度，b 表示工字型钢柱宽度，d 表示防火板厚度，防火板厚度应由设计人员根据耐火极限计算确定。

3. 龙骨与钢柱用耐高温黏结剂固定，钢柱与防火板之间必须留有不小于 20mm 的空腔，板与板之间用自攻螺钉及耐高温胶粘剂固定。

4. 内外两层的板应该分别固定，内外层板缝及构件相邻面的板缝应相互错开，不允许通缝，水平缝间距不宜小于 300mm。

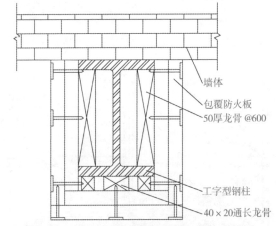

图 2-6-91　靠墙工字型钢柱双层包覆构造详图 1

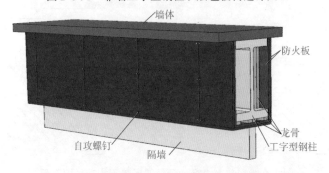

图 2-6-92　靠墙工字型钢柱双层包覆构造详图 1 三维图

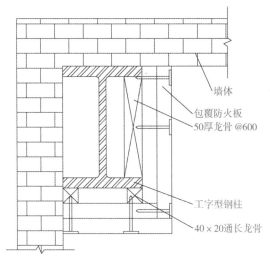

图 2-6-93　靠墙工字型钢柱双层包覆构造详图 2

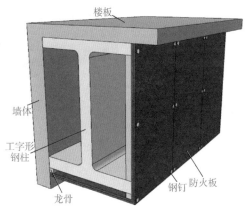

图 2-6-94　靠墙工字型钢柱双层包覆
构造详图 2 三维图

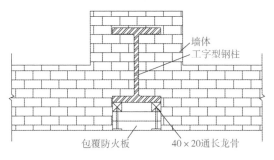

图 2-6-95　靠墙工字型钢柱双层包覆构造详图 3

图 2-6-96　靠墙工字型钢柱双层包覆
构造详图 3 三维图

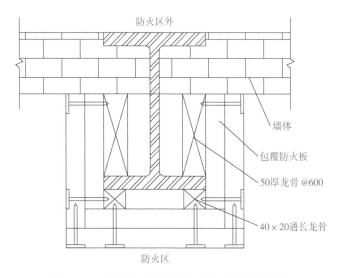

图 2-6-97　靠墙工字型钢柱双层包覆构造详图 4

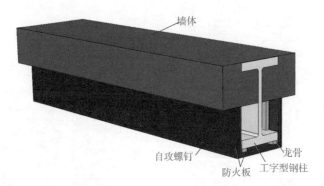

图 2-6-98　靠墙工字型钢柱双层包覆构造详图 4 三维图

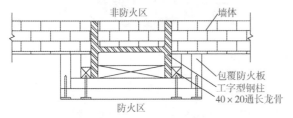

图 2-6-99　靠墙工字型钢柱双层包覆构造详图 5

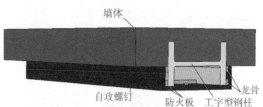

图 2-6-100　靠墙工字型钢柱双层包覆构造
　　　　　　详图 5 三维图

七、独立方钢管钢柱双层包覆构造

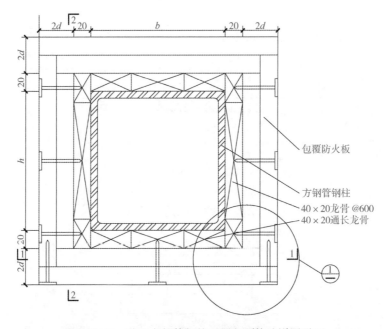

图 2-6-101　独立方钢管钢柱双层包覆构造详图平面

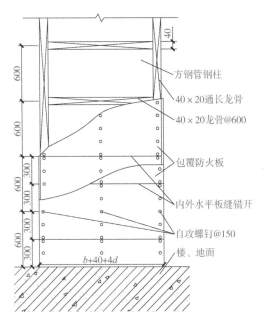

图 2-6-102　独立方钢管钢柱双层
包覆构造详图 1-1 剖面

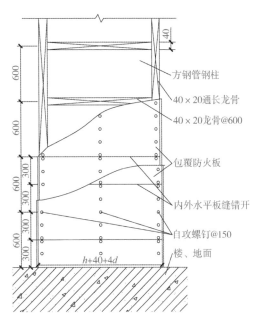

图 2-6-103　独立方钢管钢柱双层
包覆构造详图 2-2 剖面

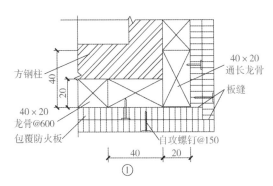

图 2-6-104　独立方钢管钢柱双层包覆
构造详图细节面

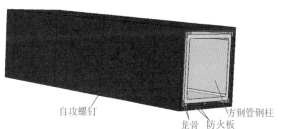

图 2-6-105　独立方钢管柱双层包覆
构造三维图

注：1. h 表示方钢管钢柱高度，b 表示方钢管钢柱宽度，d 表示防火板厚度，防火板厚度应由设计人员根据耐火极限计算确定，适用于方钢管钢柱的防火包覆。

　　2. 内外两层防火板分别固定，内外层板缝及构件相邻面的板缝应相互错开，不允许通缝，水平缝间距不宜小于 300mm。

　　3. 龙骨中距 600mm，采用耐高温胶粘剂固定，钢柱与防火板之间必须留有不小于 20mm 的空腔。

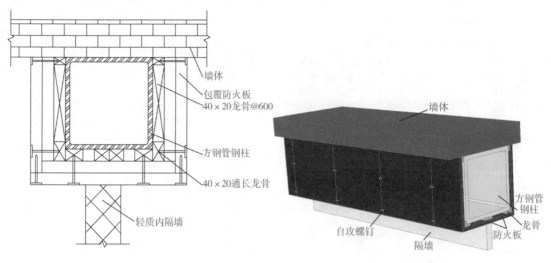

图 2-6-106　靠墙方钢管钢柱双层包覆构造详图 1

图 2-6-107　靠墙方钢管钢柱双层包覆
构造详图 1 三维图

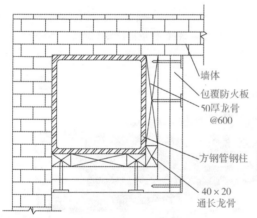

图 2-6-108　靠墙方钢管钢柱双层包覆构造详图 2

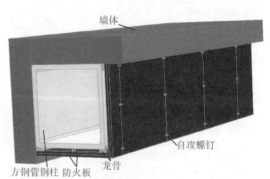

图 2-6-109　靠墙方钢管钢柱双层包覆
构造详图 2 三维图

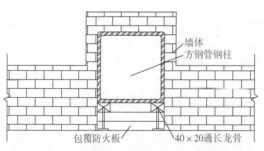

图 2-6-110　靠墙方钢管钢柱双层包覆构造详图 3

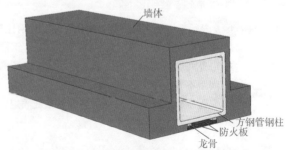

图 2-6-111　靠墙方钢管钢柱双层包覆
构造详图 3 三维图

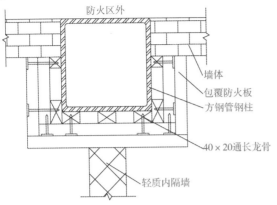

图2-6-112　靠墙方钢管钢柱双层包覆构造详图4

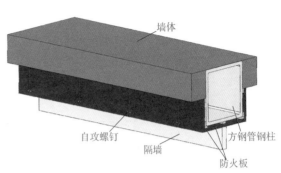

图2-6-113　靠墙方钢管钢柱双层包覆构造
详图4 三维图

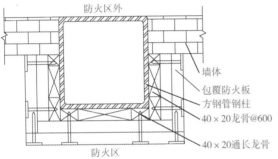

图2-6-114　靠墙方钢管钢柱双层包覆构造详图5

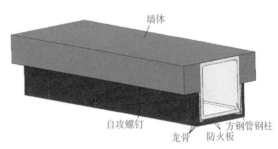

图2-6-115　靠墙方钢管钢柱双层包覆构造
详图5 三维图

八、　独立圆钢管钢柱双层包覆构造

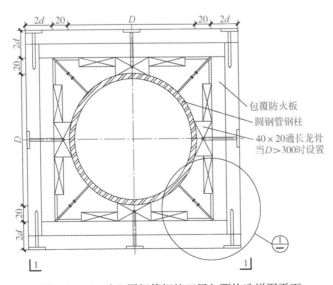

图2-6-116　独立圆钢管钢柱双层包覆构造详图平面

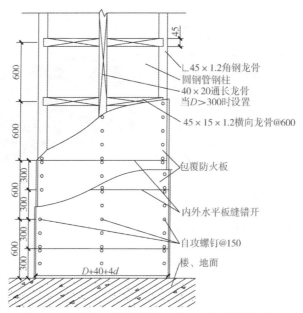

图 2-6-117　独立圆钢管钢柱双层包覆构造详图剖面

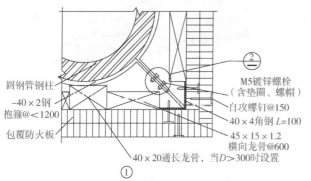

图 2-6-118　独立圆钢管钢柱双层包覆构造详图细节 1

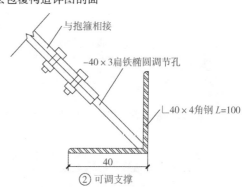

图 2-6-119　独立圆钢管钢柱双层包覆
构造详图细节 2

图 2-6-120　独立圆钢管钢柱双层包覆构造三维图

注：1. D 表示圆钢管钢柱外直径，d 表示防火板厚度，防火板厚度应由设计人员根据耐火极限计算确定，适用于圆钢管钢柱的防火包覆。

　　2. 内外两层防火板分别固定，内外层板缝及构件相邻面的板缝应相互错开，不允许通缝，水平缝间距不宜小于300mm，内层板错缝时附加槽形横向轻钢龙骨。

　　3. 板与板之间用自攻螺钉及耐高胶粘结剂固定；龙骨中距600mm，与钢柱采用耐高温胶粘剂固定，钢柱与包覆板材之间必须留有不小于20mm的空腔。

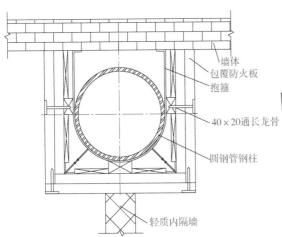

图 2-6-121 靠墙圆钢管钢柱双层包覆构造详图 1

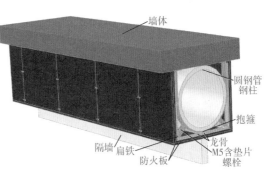

图 2-6-122 靠墙圆钢管钢柱双层包覆
构造详图 1 三维图

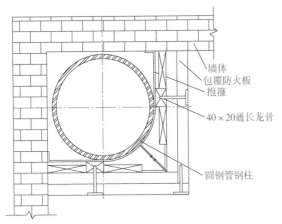

图 2-6-123 靠墙圆钢管钢柱双层包覆构造详图 2

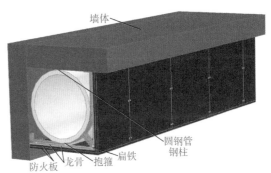

图 2-6-124 靠墙圆钢管钢柱双层包覆
构造详图 2 三维图

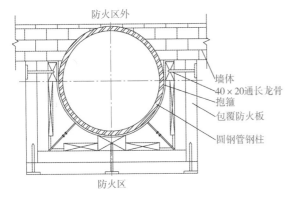

图 2-6-125 靠墙圆钢管钢柱双层包覆构造详图 3

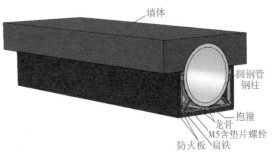

图 2-6-126 靠墙圆钢管钢柱双层包覆
构造详图 3 三维图

九、 工字型钢梁双层包覆构造

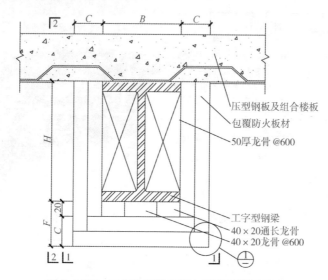

图 2-6-127 工字型钢梁双层包覆构造详图平面

注: 1. h 表示工字型钢梁高度,b 表示工字型钢梁宽度,d 表示防火板厚度,防火板厚度应由设计人员根据耐火极限计算确定,适用于工字钢梁防火包覆。

2. 板与板之间用自攻螺钉及耐高温胶粘剂固定;龙骨中距 600mm,龙骨与钢梁采用耐高温胶粘剂固定,钢梁与防火板之间必须留有不小于 20mm 的空腔。

3. 内外两层防火板分别固定,内外层板缝及构件相邻面的板缝应相互错开,不允许通缝,水平缝间距不宜小于 300mm。

4. 当压型钢板肋与钢梁正交的情况下,侧面防火板的上边缘应加工成同压型钢板的波浪形,板材安装时,应与压型钢板顶紧为宜,其边缘空隙应用耐高温胶粘剂填实。

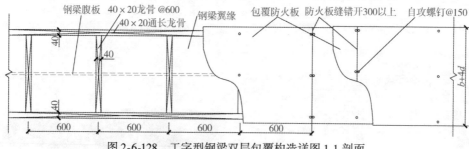

图 2-6-128 工字型钢梁双层包覆构造详图 1-1 剖面

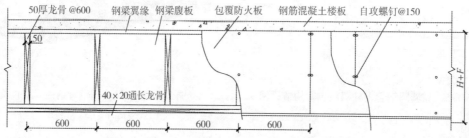

图 2-6-129 工字型钢梁双层包覆构造详图 2-2 剖面

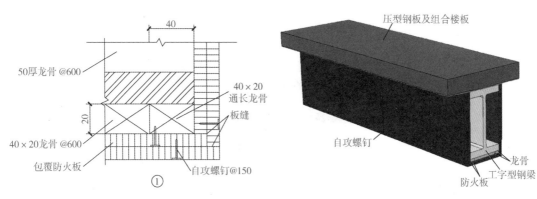

图 2-6-130　工字型钢梁双层包覆构造详图细节　　　图 2-6-131　工字型钢梁双层包覆构造三维图

十、　方钢管钢梁双层包覆构造

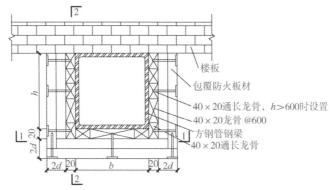

图 2-6-132　方钢管钢梁双层包覆构造详图平面

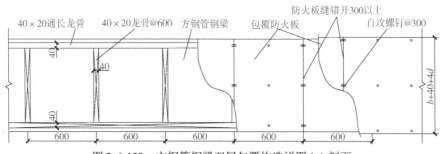

图 2-6-133　方钢管钢梁双层包覆构造详图 1-1 剖面

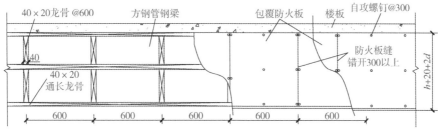

图 2-6-134　方钢管钢梁双层包覆构造详图 2-2 剖面

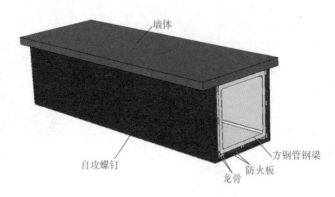

图 2-6-135　方钢管钢梁双层包覆构造三维图

说明:

1) 防火板对钢结构做防火包覆时, 为施工方便, 一般采用单层包覆, 通过龙骨与钢结构连接, 板材与板材之间的连接宜采用钢钉或自攻螺钉; 板材与钢龙骨之间的连接宜采用自攻螺钉; 钢龙骨与墙体的连接宜采用射钉连接; 钢龙骨与钢构件的连接采用点焊或卡条连接固定。

2) 采用防火薄板对钢结构做防火包覆时, 如无填充隔热材料 (岩棉、矿棉等) 的情况下, 一般采用双层对钢构件包覆来满足构件的耐火极限要求。包覆板材通过无机龙骨 (材质同板材本身)、轻钢龙骨以及配套钢抱箍与钢结构连接。除圆钢柱外的钢构件主要采用无机龙骨辅助固定防火板材, 圆柱主要采用配套轻钢龙骨、钢抱箍等辅助固定板材。配套轻钢龙骨与钢抱箍在圆柱方包时使用, 与钢结构连接固定轻钢龙骨钢抱箍时不允许焊接, 应采用钢制螺钉及自攻螺钉。防火薄板通过无机龙骨与钢构件连接时, 应采用自攻螺钉及耐高温无机胶粘剂。

3) 龙骨骨架安装完毕之后必须对龙骨骨架尺寸进行验收, 板材与龙骨之间要紧贴。防火板对接时宜靠紧, 不留缝隙, 但不能强压就位; 如有缝隙, 缝隙宽应小于5mm。相邻面板层的错缝间距应大于300mm。固定连接件 (自攻螺钉、钢钉) 与板材边缘的距离为 10～20mm 每个固定连接件沉入板面1mm, 宜采用耐高温胶粘剂封堵螺眼, 固定件间距为 100～200mm。当采用预焊钢制螺栓连接时, 应采用耐高温胶粘剂封堵螺眼。若双层包覆时, 内外层以及相邻面板层的错缝间距应大于300mm, 自攻螺钉距板材边缘为 10～20mm, 间距为 100～150mm, 位于板缝两侧自攻螺钉应错位, 间距为 10～20mm, 自攻螺钉沉入板材1mm, 宜采用耐高温胶粘剂封堵螺眼。

常用防火板性能参数如表2-6-1所示。

表2-6-1　常用防火板主要技术性能参数

防火板类型	外形尺寸 (长/mm × 宽/mm × 厚/mm)	密度/ (kg/m³)	最高使用温度/℃	导热系数/ [W/(m·℃)]	执行标准
纸面石膏板	3600 × 1200 × 9～18	800	600	0.19 左右	GB/T 9775—2008
纤维增强水泥板	2800 × 1200 × 4～8	1700	600	0.35 左右	JC/T 412—2018
纤维增强硅酸钙板	3000 × 1200 × 5～12	1000	600	≤0.28	JC/T 564—2018
蛭石防火板	1000 × 610 × 20～65	430	1000	0.11 左右	JC/T 2341—2015
硅酸钙防火板	2440 × 1220 × 12～50	400	1100	≤0.08	JC/T 564—2018
玻镁平板	2500 × 1250 × 10～15	1200～1500	600	≤0.29	JC 688—2006

◄ **第七节　室外消防设计** ►

一、　室外地上式消火栓

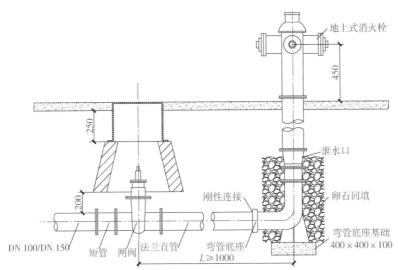

图 2-7-1　室外地上式消火栓安装构造节点详图 1
（闸阀套筒式、支管浅装）

注：1. 当公称压力为 1.6MPa 时，采用法兰连接。

2. 防撞型室外消火栓的法兰盘安装在地面上，其他类型室外消火栓的法兰盘依据消火栓安装高度
设置。

3. 与消火栓连接的配水支管采用柔性连接时，在消火栓弯管底座处，需考虑设置稳定措施，如支墩等，具体做法由设计定。

4. 在室外消火栓处应设置指示闸阀套筒所在位置的标识。

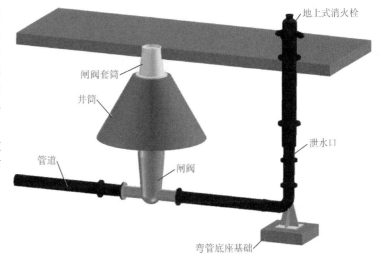

图 2-7-2　室外地上式消火栓安装构造节点详图 1 三维图
（闸阀套筒式、支管浅装）

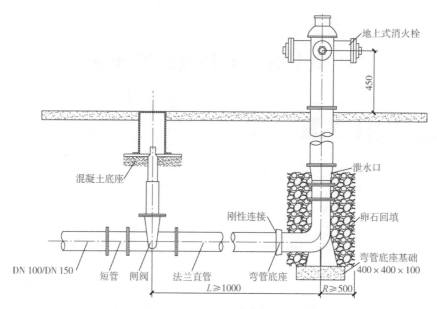

图 2-7-3　室外地上式消火栓安装构造节点详图 2
（闸阀直埋式、支管浅装）
适用于地震不设防地区

注：1. 当公称压力为 1.6MPa 时，采用法兰连接。

2. 防撞型室外消火栓的法兰盘安装在地面上，其他类型室外消火栓的法兰盘依据消火栓安装高度设置。

3. 与消火栓连接的配水支管采用柔性连接时，在消火栓弯管底座处，需考虑设置稳定措施，如支墩等，具体做法由设计定。

4. 在室外消火栓处应设置指示直埋闸阀所在位置的标识。

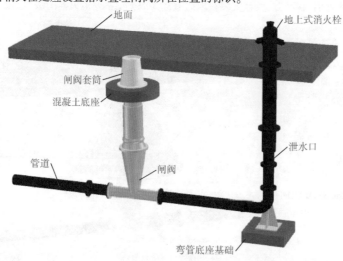

图 2-7-4　室外地上式消火栓安装构造节点详图 2 三维图
（闸阀直埋式、支管浅装）
适用于地震不设防地区

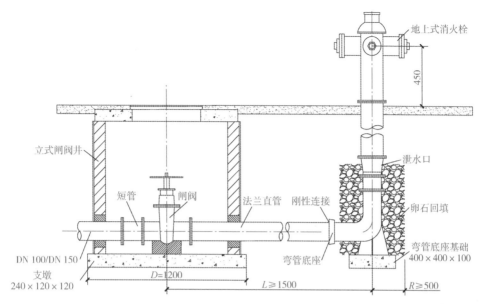

图 2-7-5　室外地上式消火栓安装构造节点详图 3
（闸阀井式、支管深装）

注：1. 当公称压力为 1.6MPa 时，采用法兰连接。

　　2. 防撞型室外消火栓的法兰盘安装在地面上，其他类型室外消火栓的法兰盘依据消火栓安装高度设置。

　　3. 与消火栓连接的配水支管采用柔性连接时，在消火栓弯管底座处，需考虑设置稳定措施，如支墩等，具体做法由设计定。

　　4. 本图按圆形立式阀门井绘制。

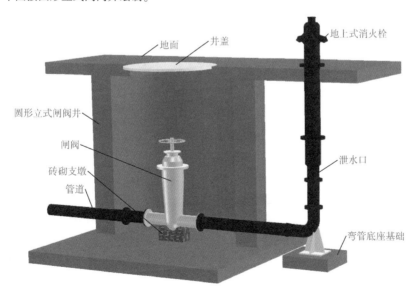

图 2-7-6　室外地上式消火栓安装构造节点详图 3 三维图
（闸阀井式、支管深装）

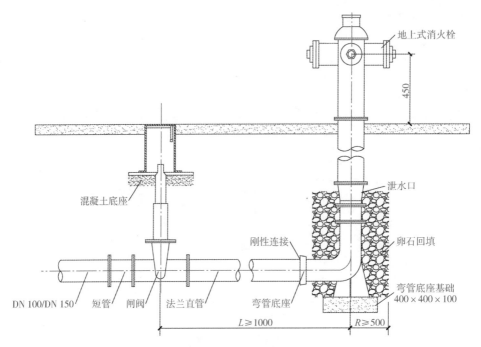

图 2-7-7　室外地上式消火栓安装构造节点详图 4

(闸阀直埋式、支管深装)

适用于地震不设防地区

注:1. 当公称压力为 1.6MPa 时,采用法兰连接。

2. 防撞型室外消火栓的法兰盘安装在地面上,其他类型室外消火栓的法兰盘依据消火栓安装高度设置。

3. 与消火栓连接的配水支管采用柔性连接时,在消火栓弯管底座处,需考虑设置稳定措施,如支墩等,具体做法由设计定。

4. 在室外消火栓处宜设置指示直埋闸阀所在位置的标识。

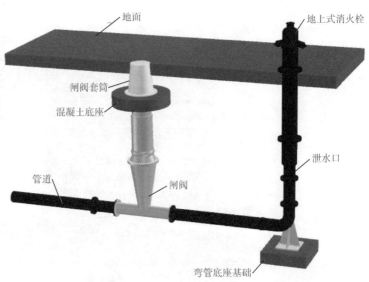

图 2-7-8　室外地上式消火栓安装构造节点详图 4 三维图

(闸阀直埋式、支管深装)

适用于地震不设防地区

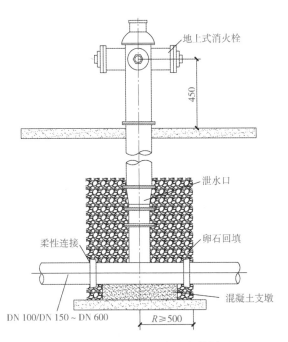

图 2-7-9　室外地上式消火栓安装详图 1
（无检修阀、干管安装）

注：1. 当公称压力为 1.6MPa 时，采用法兰连接。

2. 防撞型室外消火栓的法兰盘安装在地面上，其他类型室外消火栓的法兰盘依据消火栓安装高度设置。

图 2-7-10　室外地上式消火栓安装详图 1 三维图
（无检修阀、干管安装）

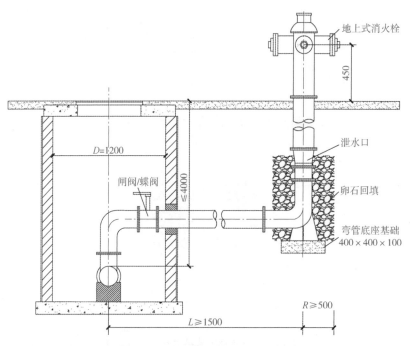

图 2-7-11　室外地上式消火栓安装详图 2
(有检修阀、干管安装)

注：1. 当公称压力为 1.6MPa 时，采用法兰连接。

　　2. 防撞型室外消火栓的法兰盘安装在地面上，其他类型室外消火栓的法兰盘依据消火栓安装高度设置。

　　3. 本图按圆形立式阀门井绘制。

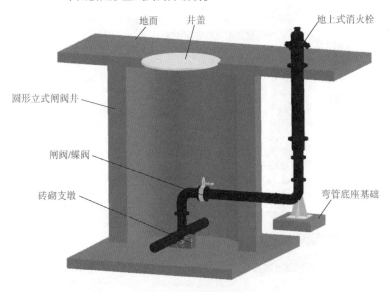

图 2-7-12　室外地上式消火栓安装详图 2 三维图
(有检修阀、干管安装)

图 2-7-13　室外地上式
消火栓实物图

二、室外地下式消火栓

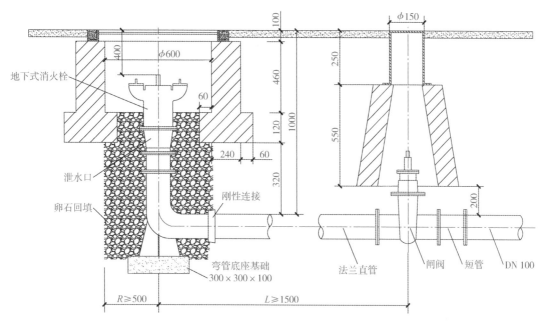

图 2-7-14　室外地下式消火栓安装构造节点详图 1
（闸阀套筒式、支管浅装）

注：1. 当公称压力为 1.6MPa 时，采用法兰连接。

2. 与消火栓连接的配水支管采用柔性连接时，在消火栓弯管底座处，需考虑设置稳定措施，如支墩等，具体做法由设计定。

3. 在室外消火栓处宜设置指示闸阀套筒所在位置的标识。

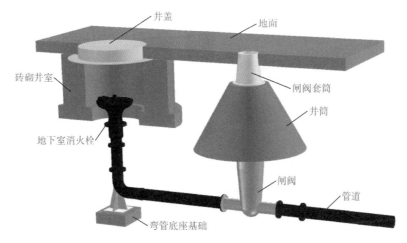

图 2-7-15　室外地下式消火栓安装构造节点详图 1 三维图
（闸阀套筒式、支管浅装）

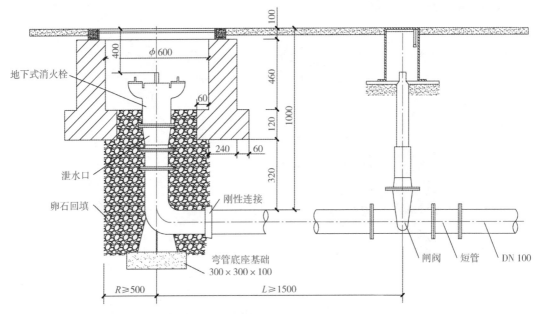

图 2-7-16　室外地下式消火栓安装构造节点详图 2

(闸阀直埋式、支管浅装)

适用于地震不设防地区

注：1. 当公称压力为 1.6MPa 时，采用法兰连接。

2. 与消火栓连接的配水支管采用柔性连接时，在消火栓弯管底座处，需考虑设置稳定措施，如支墩等，具体做法由设计定。

3. 在室外消火栓处宜设置指示直埋闸阀所在位置的标识。

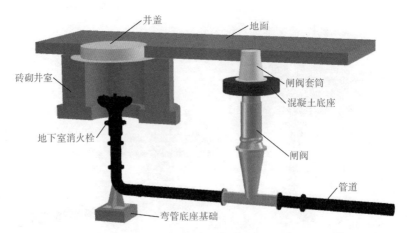

图 2-7-17　室外地下式消火栓安装构造节点详图 2 三维图

(闸阀直埋式、支管浅装)

适用于地震不设防地区

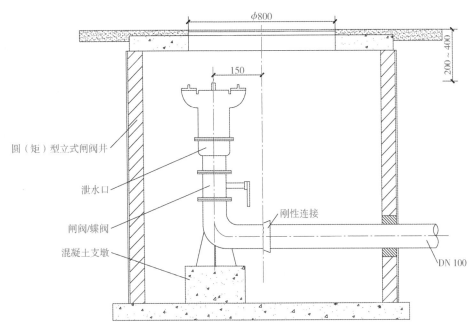

图 2-7-18　室外地下式消火栓安装详图 1
（阀门井式、支管深装）

注：1. 当公称压力为 1.6MPa 时，采用法兰连接。

　　2. 当管道覆土深度大于 2000mm 时，需要设置支架。

　　3. 本图按圆形立式阀门井绘制。

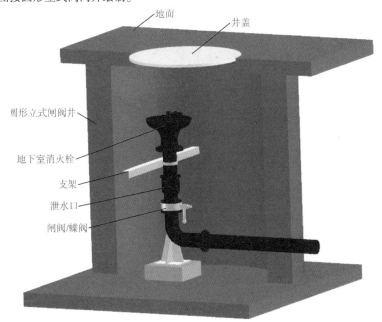

图 2-7-19　室外地下式消火栓安装详图 1 三维
（阀门井式、支管深装）

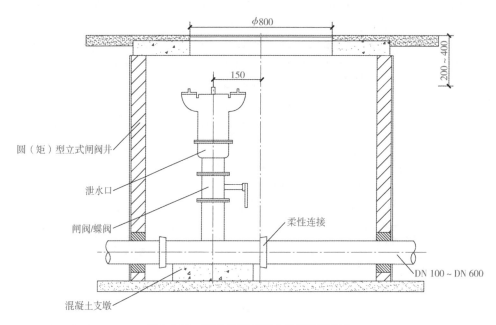

图 2-7-20　室外地下式消火栓安装详图 2

(有检修阀、干管安装)

注：1. 当公称压力为 1.6MPa 时，采用法兰连接。

2. 当管道覆土深度大于 2000mm 时，需要设置支架。

3. 本图按圆形立式阀门井绘制。

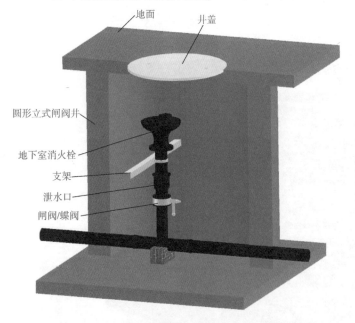

图 2-7-21　室外地下式消火栓安装详图 2 三维图

(有检修阀、干管安装)

图 2-7-22　室外地下式
消火栓实物图

三、室外消防水鹤

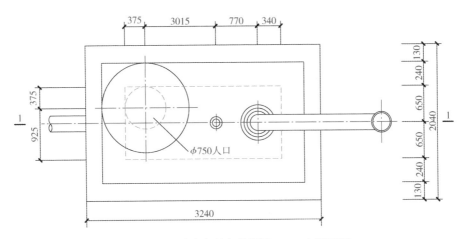

图 2-7-23　消防水鹤安装详图 1——上层平面
（砌砖阀门井、支管深装）

注：1. 本阀门井适用于消防水鹤 DN 100、DN 150、DN 200 三种规格深装。

2. 适用于冻土深度不大于 2600mm 区域。

3. 本图消防水鹤阀门井按无地下水、$H_m \leqslant 3000mm$、砖砌结构。

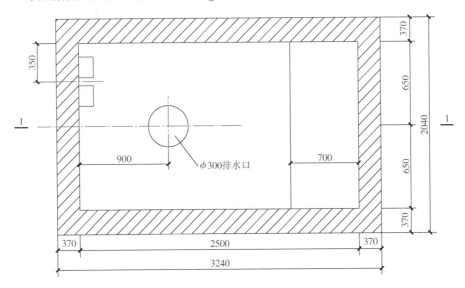

图 2-7-24　消防水鹤安装详图 1——下层平面
（砌砖阀门井、支管深装）

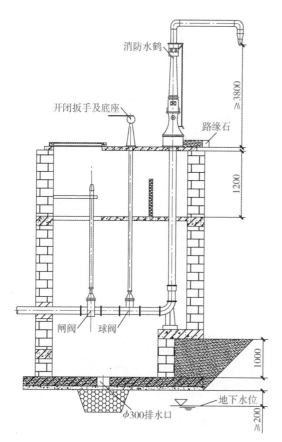

图 2-7-25 消防水鹤安装剖面图 1
（砌砖阀门井、支管深装）

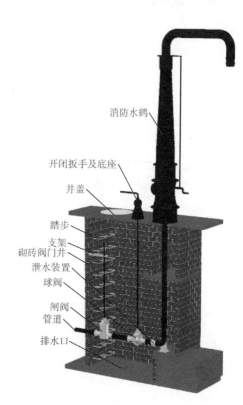

图 2-7-26 消防水鹤安装 1 三维图
（砌砖阀门井、支管深装）

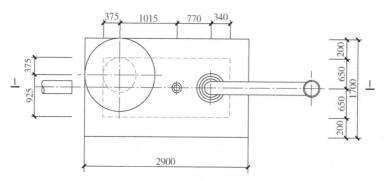

图 2-7-27 消防水鹤安装详图 2——上层平面
（钢筋混凝土阀门井、支管深装）

注：1. 本阀门井适用于消防水鹤 DN 100、DN 150、DN 200 三种规格深装。

2. 适用于冻土深度不大于 2600mm 区域。

3. 本图消防水鹤阀门井按 H_m≤4000mm、钢筋混凝土结构。

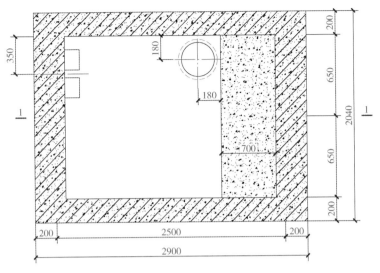

图 2-7-28　消防水鹤安装详图 2——下层平面
(钢筋混凝土阀门井、支管深装)

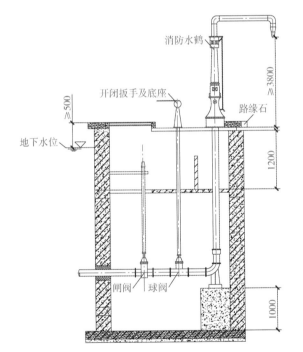

图 2-7-29　消防水鹤安装剖面图 2
(钢筋混凝土阀门井、支管深装)

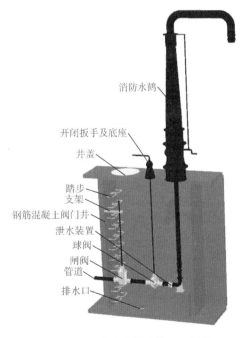

图 2-7-30　消防水鹤安装 2 三维图
(钢筋混凝土阀门井、支管深装)

说明：

1）室外消火栓按其安装场合可分为地上式（SS）、地下式（SA）。

2）室外消火栓按期用途可分为普通型和特殊型，特殊型分为泡沫型（P）、防撞型（F）等。

3）室外消火栓按其进水口的公称直径可分为100mm和150mm两种，进水口连接形式可分为承插式和法兰式，承插式室外消防栓公称压力为1.0MPa，法兰式室外消防栓公称压力为1.6MPa。

4）室外消火栓的安装形式可分为支管安装和干管安装，支管安装又分为浅装和深装，室外地上式消火栓的干管安装形式根据是否设有检修蝶阀和阀门井室分为无检修阀干管安装和有检修阀干管安装。

5）室外消火栓支管浅装：

①室外消火栓安装在直管上且管道覆土深度不大于1000mm。

②室外地上式消火栓下部直埋，检修闸阀设闸阀套筒或闸阀直埋，适用于冰冻深度不大于200mm。

③室外地下式消火栓上部设砖砌井室，下部直埋，检修闸阀设闸阀套筒或闸阀直埋，适用于冰冻深度不大于400mm。

6）室外消火栓支管深装：

①室外消火栓安装在支管上且支管覆土深度不大于1000mm。

②室外地上式消火栓下部直埋，检修闸阀设闸阀井或阀门直埋。

③室外地下式消火栓位于井室，在栓体下部设有检修阀，消火栓通过弯管底座与给水支管连接。

7）消防水鹤按出水管调节方式可分为直通式（Z）、可伸缩式（S）。

8）消防水鹤按进水口的公称直径可分为100mm、150mm、200mm三种，消防接口分为65mm、80mm两种，进水口连接形式可分为承插式和法兰式，承插式消防水鹤公称压力为1.0mPa，法兰式消防水鹤公称压力为1.6mPa。

9）消防水鹤适用于安装在寒冷地区，其安装形式为支管深装，且设于阀门井内。

10）井室设置要求：结构形式分为砖砌阀门井、钢筋混凝土阀门井。井室位于人行道或绿化带下。砌砖井室用于无地下水地区。钢筋混凝土井室用于有或无地下水地区。

◀ 第八节　室内消火栓设计 ▶

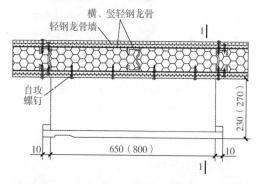

图2-8-1　消火栓安装构造节点详图（明装）

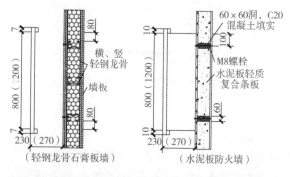

图2-8-2　消火栓安装构造节点1-1剖面图（明装）

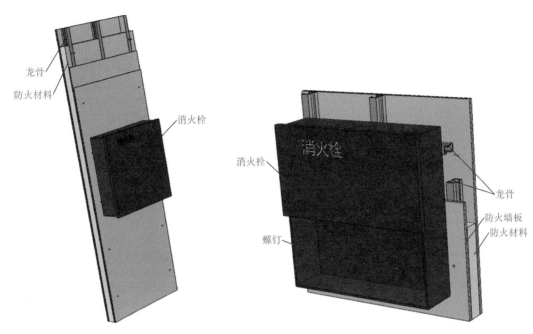

图 2-8-3　消火栓安装构造三维图 1（明装）　　图 2-8-4　消火栓安装构造节点三维图 2（明装）

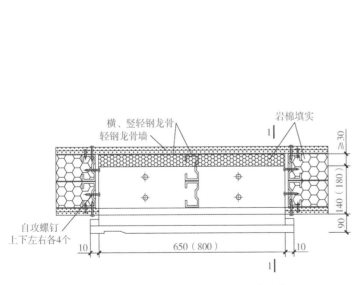

图 2-8-5　消火栓安装构造节点详图（半暗装）

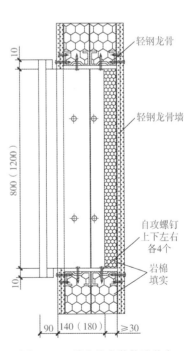

图 2-8-6　消火栓安装构造节点
1-1 剖面图（半暗装）

121

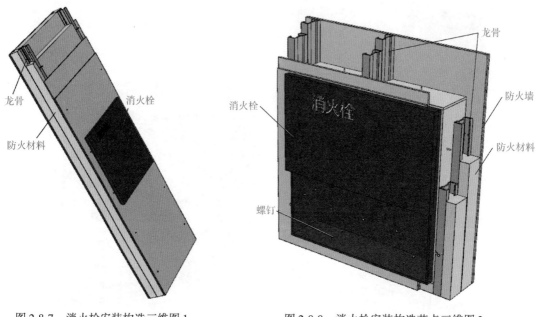

图 2-8-7　消火栓安装构造三维图 1
（半暗装）

图 2-8-8　消火栓安装构造节点三维图 2
（半暗装）

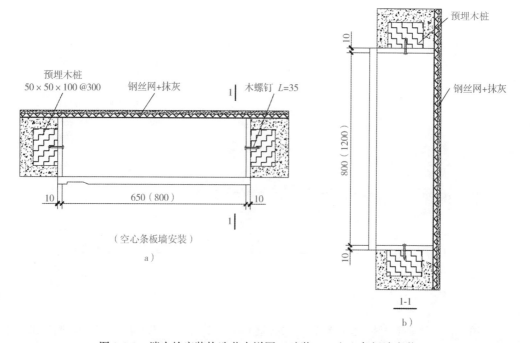

图 2-8-9　消火栓安装构造节点详图（暗装——空心条板墙安装）

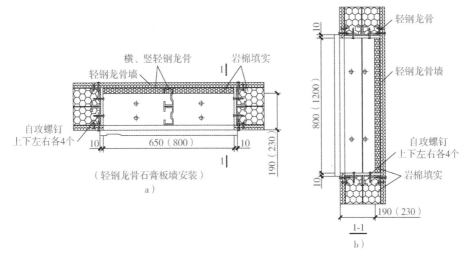

图 2-8-10　消火栓安装构造节点详图（暗装——轻钢龙骨石膏板墙安装）

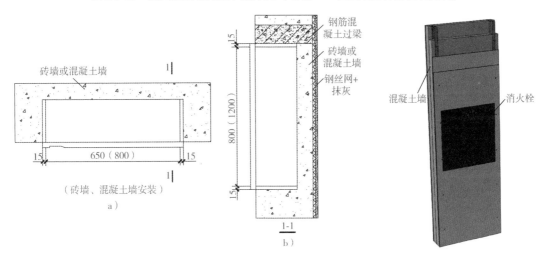

图 2-8-11　消火栓安装构造节点详图（暗装——砖墙、混凝土墙安装）　　图 2-8-12　消火栓安装构造
三维图 1（暗装）

图 2-8-13　消火栓实物图

说明:

1）消火栓明装时,箱门开启角度不应小于175°。

2）消火栓暗装时,箱门开启角度不应小于160°。

3）轻钢龙骨防火墙及轻质复合墙板上消火栓的安装宜采用明装固定。

4）砖墙砌体可为实心砖、空心砖或砌块,箱体与墙体间应用木楔填塞,使箱体稳固后,再用水泥砂浆填实抹平,栓箱洞口后部剩余砖墙混凝土墙厚不小于60mm,预留洞口可不贯通。

◀ 第九节　自动喷水灭火系统设计 ▶

一、喷头布置图

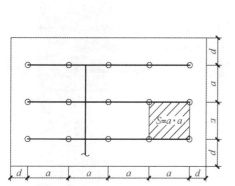

图 2-9-1　标准覆盖面积喷头正方形布置平面图

S——只喷头的保护面积

a—正方形布置边长,a≥1800mm

d—喷头与端墙的距离

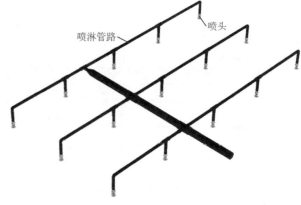

图 2-9-2　标准覆盖面积喷头正方形布置三维图

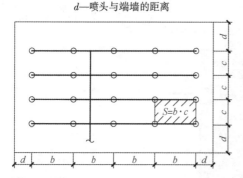

图 2-9-3　标准覆盖面积喷头矩形布置平面图

S——只喷头的保护面积　b—矩形布置长边长

c—矩形布置短边长,c≥1800mm

d—喷头与端墙的距离

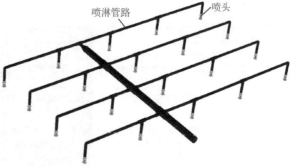

图 2-9-4　标准覆盖面积喷头矩形布置三维图

喷头的布置间距应符合表2-9-1的规定。

表2-9-1　直立型、下垂型标准覆盖面积洒水喷头的布置间距

火灾危险等级	正方形布置的边长 a/m	矩形或平行四边形布置的长边边长 b/m	一只喷头的最大保护面积 S/m²	喷头与端墙的距离 d/m	
				最大	最小
轻危险级	4.4	4.5	20.0	2.2	
中危险级Ⅰ级	3.6	4.0	12.5	1.8	
中危险级Ⅱ级	3.4	3.6	11.5	1.7	0.1
严重危险级、仓库危险级	3.0	3.6	9.0	1.5	

注：1. 设置单排洒水喷头的闭式系统，其洒水喷头间距应按地面不留漏喷空白点确定。
　　2. 严重危险级或仓库危险级场所宜采用流量系数大于80的洒水喷头。

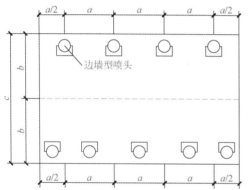

图2-9-5　边墙型喷头平面布置示意图1

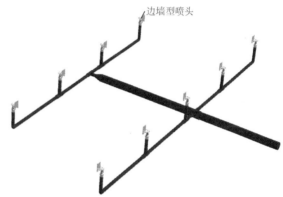

图2-9-6　边墙型喷头平面布置三维图1

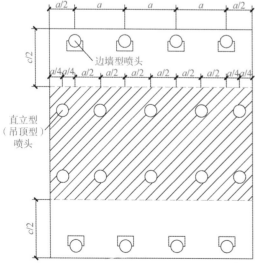

图2-9-7　边墙型喷头平面布置示意图（二）

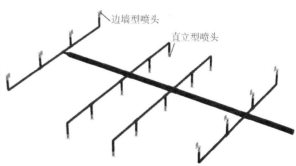

图2-9-8　边墙型喷头平面布置三维图2

喷头的布置间距应符合表 2-9-2 的规定。

表 2-9-2　边墙型标准覆盖面积洒水喷头的最大保护跨度与间距

火灾危险等级	配水支管上喷头的最大间距 a/m	单排喷头的最大保护跨度 b/m	两排相对喷头的最大保护跨度 c/m
轻危险级	3.6	3.6	7.2
中危险级 I 级	3.0	3.0	6.0

注:1. 两排相对洒水喷头应交错布置。

　　2. 室内跨度大于两排相对喷头的最大保护跨度时,应在两排相对喷头中间增设一排喷头。

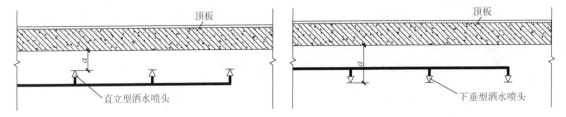

图 2-9-9　喷头溅水盘与顶板的距离示意图

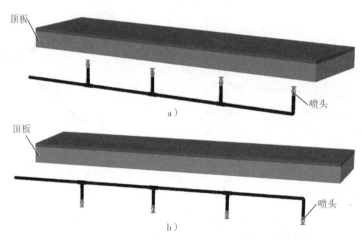

图 2-9-10　喷头溅水盘与顶板的距离三维图

a)直立型洒水喷头　b)下垂型洒水喷头

喷头溅水盘与顶板的间距应符合表 2-9-3 的规定。

表 2-9-3　喷头溅水盘与顶板的间距

喷头类型		溅水盘与顶板的距离 a/mm
标准覆盖面积洒水喷头 扩大覆盖面积洒水喷头	直立型	$75 \leqslant a \leqslant 150$
	下垂型	
早期抑制快速响应喷头	直立型	$100 \leqslant a \leqslant 150$
	下垂型	$150 \leqslant a \leqslant 360$
特殊应用喷头		$150 \leqslant a \leqslant 200$
家用喷头		$25 \leqslant a \leqslant 100$

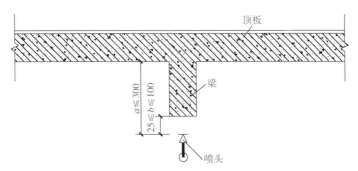

图 2-9-11　梁或其他障碍物下方喷头布置示意图

注： 当在梁或其他障碍物下方布置洒水喷头时，溅水盘与顶板的距离 $a \leqslant 300\text{mm}$，同时溅水盘与梁或其他障碍物底面的垂直距离 b，应为 25～100mm。

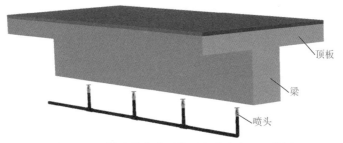

图 2-9-12　梁或其他障碍物下方喷头布置三维图

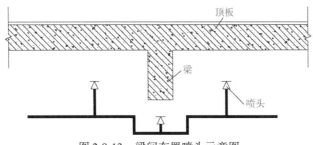

图 2-9-13　梁间布置喷头示意图

注： 当在梁间布置洒水喷头时，洒水喷头与梁的距离应符合规范中关于喷头与梁等障碍物距离的规定。布置困难时，溅水盘与顶板的距离可适当提高，但不应大于 550mm，仍不满足时，应在梁下方增设喷头。

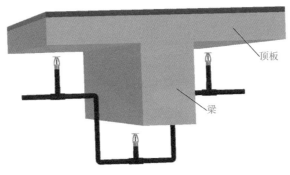

图 2-9-14　梁间布置喷头三维图

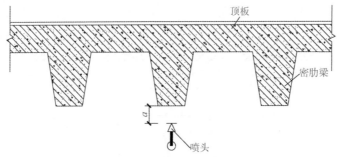

图 2-9-15　密肋梁下方布置喷头示意图

注：密肋梁板下方布置洒水喷头时，溅水盘与密肋梁板底面的垂直距离为 25～100mm。

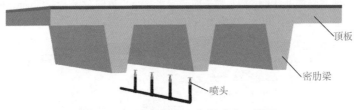

图 2-9-16　密肋梁下方布置喷头三维图

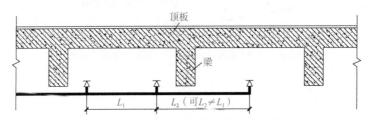

图 2-9-17　梁间喷头不等距布置示意图

注：梁间洒水喷头布置可采用不等距方式，但喷水强度仍应符合设计要求。

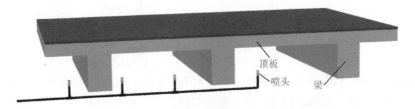

图 2-9-18　梁间喷头不等距布置三维图

图 2-9-19　消防喷淋实物图

二、挡水板

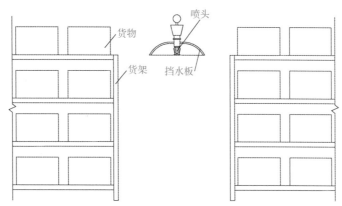

图 2-9-20　货架内喷头挡水板安装示意图

注：喷头设置在货架间隙时（非走道），需设置挡水板，挡水板与上层货架平齐。

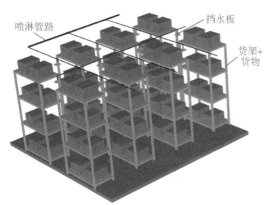

图 2-9-21　货架内喷头挡水板安装三维图

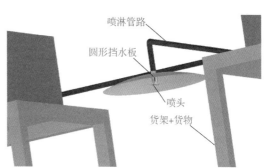

图 2-9-22　货架内喷头挡水板安装局部三维图

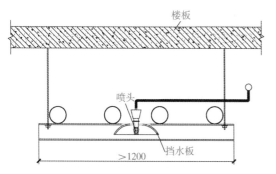

图 2-9-23　障碍物下方喷头挡水板安装示意图

图 2-9-24　障碍物下方喷头挡水板安装三维图

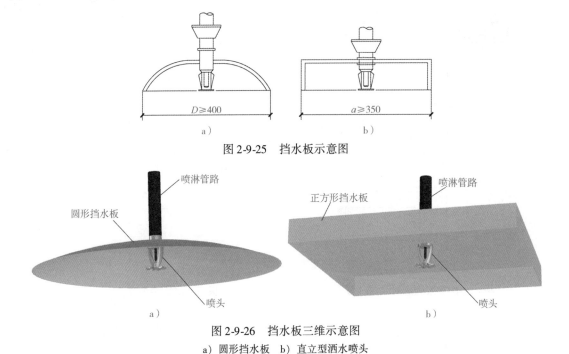

图 2-9-25　挡水板示意图

图 2-9-26　挡水板三维示意图

a）圆形挡水板　b）直立型洒水喷头

三、减压孔板结构

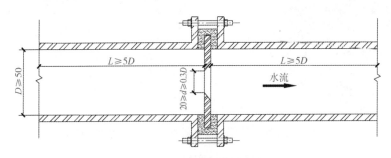

图 2-9-27　减压孔板结构示意图

D—管道直径　*d*—孔径直径　*L*—前后管段长度

注： 应符合《自动喷水灭火系统设计规范》（GB 50084—2017）中 9.3.1 规定：应设在直径不小于
50mm 的水平直管段上，前后管段的长度均不宜小于该管段直径的 5 倍；孔口直径不应小于设置
管段直径的 30% ，且不应小于 20mm；应采用不锈钢板材制作。

图 2-9-28　减压孔板结构三维图

四、 节流管结构

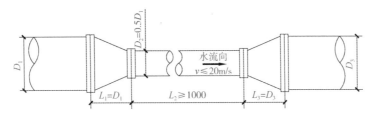

图 2-9-29 节流管结构示意图

D_1—上游管段直径 D_2—节流管直径 D_3—下游管段直径

L_1—上游变径管长度 L_2—节流管长度 L_3—下游变径管长度

V—节流管内流速

注：应符合《自动喷水灭火系统设计规范》（GB 50084—2017）第 9.3.2 条的规定：直径宜按上游管段直径的 1/2 确定；长度不宜小于 1m；节流管内水的平均流速不应大于 20m/s。

图 2-9-30 节流管结构三维图

说明：

（1）自动喷水灭火系统应有备用洒水喷头，其数量不应少于总数的 1%，且每种型号均不得少于 10 只。

（2）喷头布置要求（应满足 GB 50084—2017 中的规定）：

1）直立型、下垂型标准覆盖面积洒水喷头可采用正方形、矩形或平行四边形布置。

2）直立型、下垂型扩大覆盖面积洒水喷头应采用正方形布置。（无吊顶的梁间洒水喷头布置可采用不等距方式）

3）图书馆、档案馆、商场、仓库中的通道上方宜设有喷头，货架内置洒水喷头宜与顶板下洒水喷头交错布置。

4）直立型、下垂型标准覆盖面积洒水喷头的布置，包括同一根配水支管上喷头的间距及相邻配水支管的间距，应根据设置场所的火灾危险等级、洒水喷头类型和工作压力确定，并不应大于表 2-9-1 所示，且不应小于 1.8m。

（3）挡水板应为正方形或圆形金属板，其平面面积不宜小于 0.12m²，周围弯边的下沿宜与洒水喷头的溅水盘平齐，除下列情况和相关规范另有规定外，其他场所或部位不应采用挡水板：

1）设置货架内置洒水喷头的仓库，当货架内置洒水喷头上方有孔洞、缝隙时，可在洒水喷头的上方设置挡水板。

2）当梁、通风管道、成排布置的管道、桥架等障碍物的宽度大于 1.2m 时，其下方应增设喷头;采用早期抑制快速响应喷头和特殊应用喷头的场所,当障碍物宽度大于0.6m时,其下方应增设喷头,增设的洒水喷头上方有孔洞、缝隙时,可在洒水喷头的上方设置挡水板。

◀ 第十节　供暖、通风空调系统防火设计 ▶

一、管道穿墙防火构造

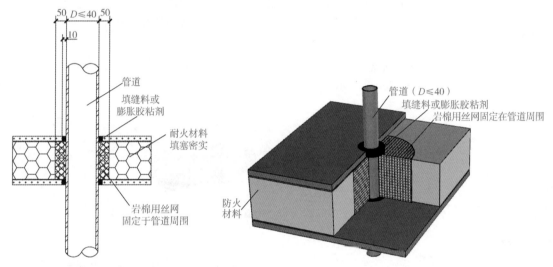

图2-10-1　管道穿墙防火构造节点1

(管道穿墙洞口 $D \leqslant 40$)

图2-10-2　管道穿墙防火构造节点1三维图

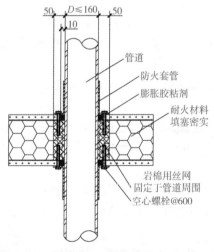

图2-10-3　管道穿墙防火构造节点2

(管道穿墙洞口 $D \leqslant 160$)

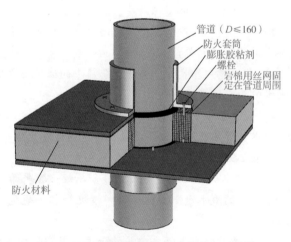

图2-10-4　管道穿墙防火构造节点2三维图

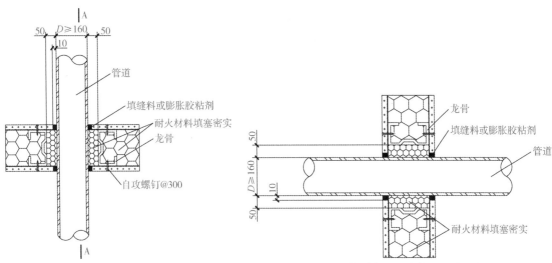

图 2-10-5　管道穿墙防火构造节点 3

（管道穿墙洞口 $D \geqslant 160$）

图 2-10-6　管道穿墙防火构造节点 3 剖面图

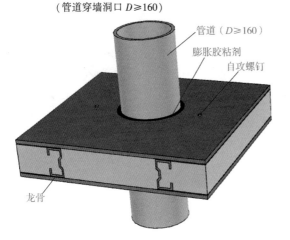

图 2-10-7　管道穿墙防火构造节点 3 三维图

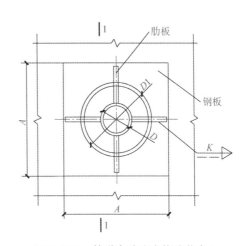

图 2-10-8　管道穿墙防火构造节点 4

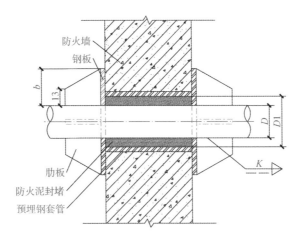

图 2-10-9　管道穿墙防火构造节点 4 剖面图 1（穿越防火墙）

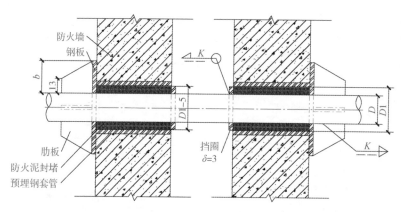

图 2-10-10　管道穿墙防火构造节点 4 剖面图 2（穿越沉降缝）

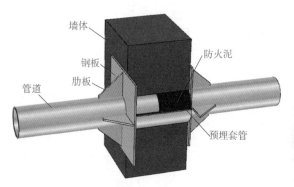

图 2-10-11　管道穿墙防火构造节点 4 三维图

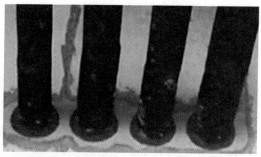

图 2-10-12　管道穿墙防火实物图

二、镀锌风管防火

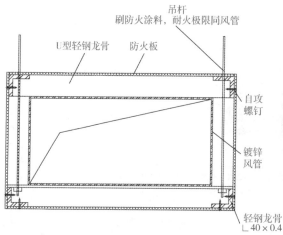

图 2-10-13　镀锌风管防火包覆构造详图 1
（四面包覆）

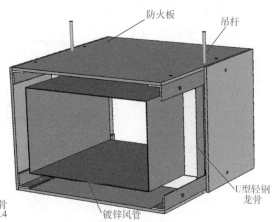

图 2-10-14　镀锌钢板风管防火包覆构造详图 1
三维图（四面包覆）

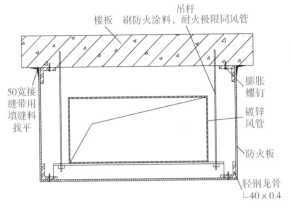

图 2-10-15　镀锌风管防火包覆构造详图 2
（三面包覆）

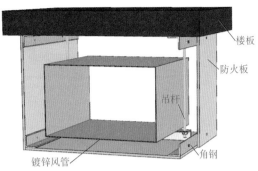

图 2-10-16　镀锌风管防火包覆构造详图 2
三维图（三面包覆）

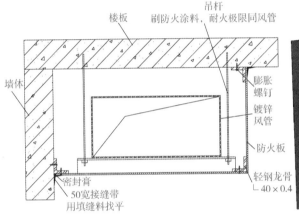

图 2-10-17　镀锌风管防火包覆构造详图 3
（双面包覆）

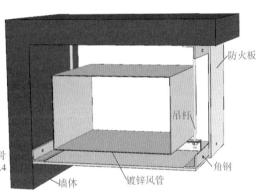

图 2-10-18　镀锌风管防火包覆构造详图 3
三维图（双面包覆）

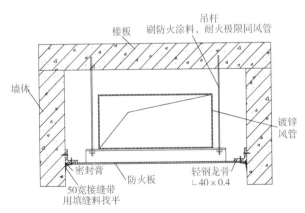

图 2-10-19　镀锌风管防火包覆构造详图 4
（单面包覆）

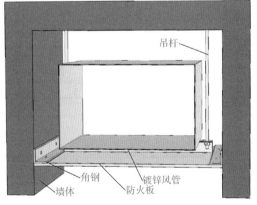

图 2-10-20　镀锌风管防火包覆构造详图 4
三维图（单面包覆）

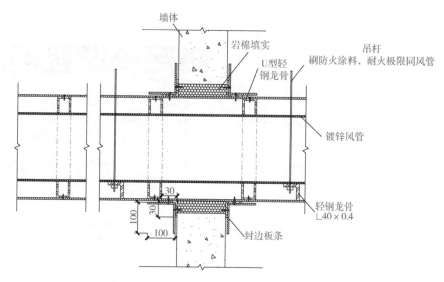

图 2-10-21 镀锌风管穿墙防火包覆构造详图 1

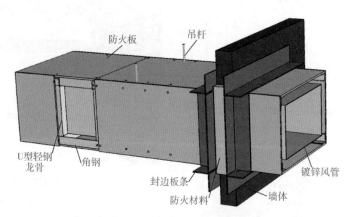

图 2-10-22 镀锌风管穿墙防火包覆构造详图 1 三维图

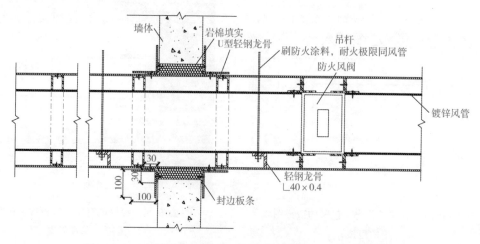

图 2-10-23 镀锌风管穿墙防火包覆构造详图 2 (含防火风阀)

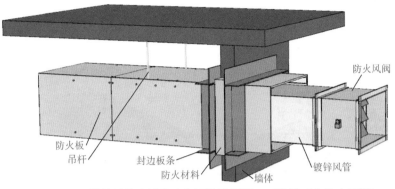

图 2-10-24　镀锌风管穿墙防火包覆构造详图 2 三维图（含防火风阀）

图 2-10-25　镀锌风管穿墙防火实物图

三、防火风阀安装构造

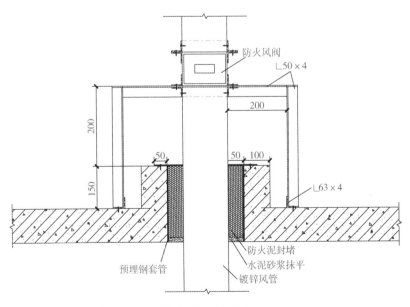

图 2-10-26　防火风阀楼板上安装构造详图

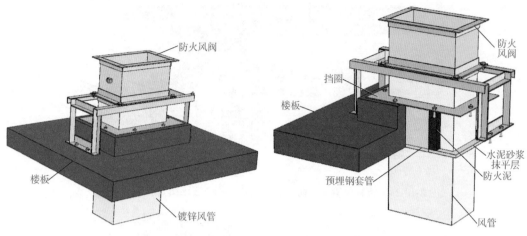

图 2-10-27　防火风阀楼板上安装三维图　　　　图 2-10-28　防火风阀楼板上安装三维详解图

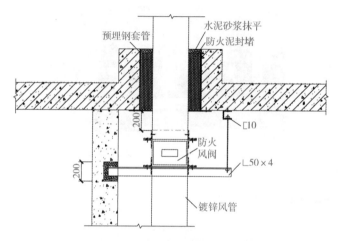

图 2-10-29　防火风阀楼板下安装详图

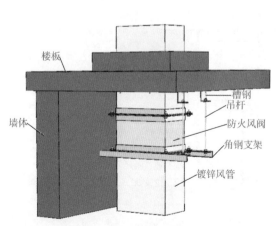

图 2-10-30　防火风阀楼板下安装三维图

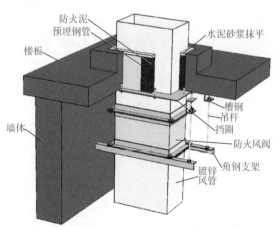

图 2-10-31　防火风阀楼板下安装三维详解图

四、防火风道构造

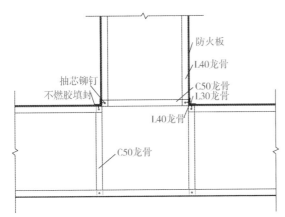

图 2-10-32　防火风道三通构造详图

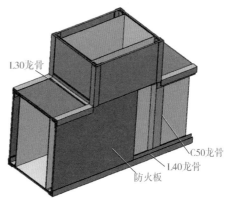

图 2-10-33　防火风道三通三维图

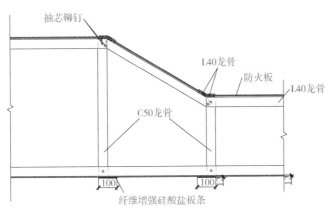

图 2-10-34　防火风道变径构造详图

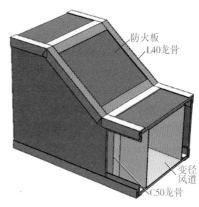

图 2-10-35　防火风道变径三维图

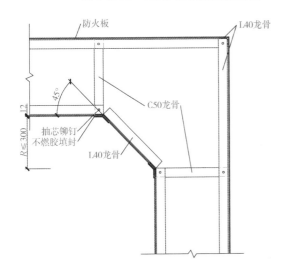

图 2-10-36　防火风道弯头构造详图 1

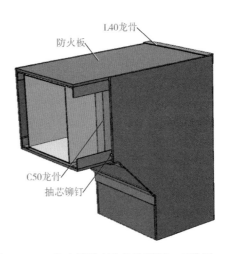

图 2-10-37　防火风道弯头构造详图 1 三维图

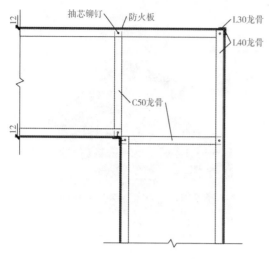

图 2-10-38　防火风道弯头构造详图 2

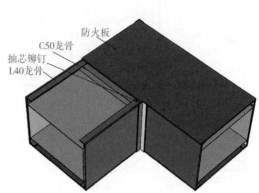

图 2-10-39　防火风道弯头构造详图 2 三维图

说明：

1）通风管道防火性能需根据《通风管道耐火试验方法》（GB/T 17428—2009）检测。

2）风管板材尽量避免拼接，拼接时需加固，板材与 L 型龙骨固定用自攻螺钉，间距为 200mm；管段与管段、管段与弯头、三通的拼接螺钉间距为 150mm；自攻螺钉孔孔径为 2.8mm；板与板的接缝处应采用不燃性密封胶填塞、刮平。

3）制作内外直角弯头、内斜线外直角弯头时，当长边尺寸 $b > 500mm$ 时，应设置导流片，导流片片数宜按风管长边尺寸确定；当 $b \leqslant 1000mm$ 时，设置 1 片；当 $1000mm \leqslant b \leqslant 1500mm$ 时，设置 2 片；当 $b > 1500mm$ 时，设置 3 片；导流片采用镀锌钢板。

4）防火阀阀体必须为不燃材料制作，转动部件应采用耐腐蚀的金属材料，并需转动灵活，如表 2-10-1 所示。

表 2-10-1　防火阀介绍

序号	名称	功能	适用范围
1	防火阀	空气温度 70℃ 或 150℃（厨房用）时，温度熔断器自动关闭阀，可输出电讯信号，手动复位	用于空调通风系统风管内，防止火势沿风管蔓延
2	防火调节阀	空气温度 70℃ 或 150℃（厨房用）时，自动关闭，手动复位，风量调节，输出关闭信号和联动信号	用于空调通风系统风量需要调节的风管内，防止火势沿风管蔓延
3	防火风口（简易防火阀）	空气温度 70℃ 时，温度熔断器关闭	用于通风或回风管上，防止火势进入风口并蔓延
4	防烟防火阀	靠烟感器控制动作，用电信号控制关闭（防烟），也可 70℃ 温度时自动关闭（防火）	用于空调通风系统风管内，防止火势沿风管蔓延
5	防烟防火调节阀	靠烟感器控制动作，用电信号控制关闭（防烟），也可 70℃ 温度时自动关闭（防火），风量调节	用于空调通风系统风量需要调节的风管内，防止火势沿风管蔓延
6	排烟防火阀	烟气温度 280℃ 时自动关闭，手动复位，输出关闭信号和联动信号	用于排烟系统风管上，防止火势沿排烟风管蔓延

◀ 第十一节　电气防火 ▶

一、**插座、开关盒防火构造**

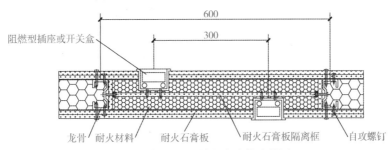

图 2-11-1　插座、开关盒防火构造详图 1

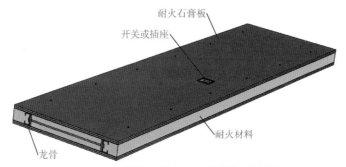

图 2-11-2　插座、开关盒防火构造三维图 1

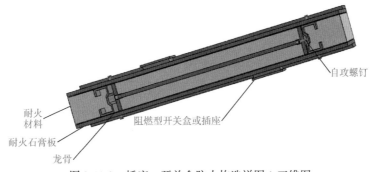

图 2-11-3　插座、开关盒防火构造详图 1 三维图

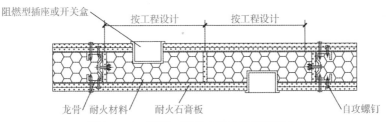

图 2-11-4　插座、开关盒防火构造详图 2

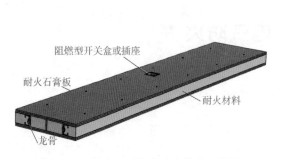

图 2-11-5　插座、开关盒防火构造三维图 2

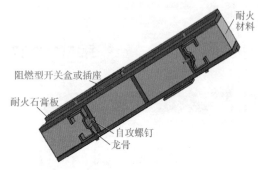

图 2-11-6　插座、开关盒防火构造详图 2 三维图

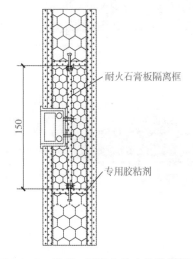

图 2-11-7　插座、开关盒防火构造详图 3

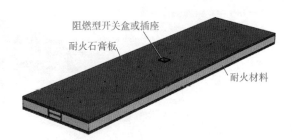

图 2-11-8　插座、开关盒防火构造三维图 3

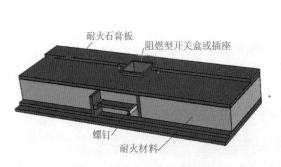

图 2-11-9　插座、开关盒防火构造详图 3 三维图

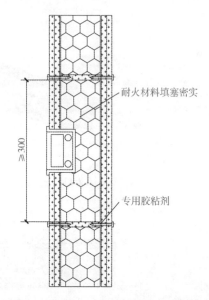

图 2-11-10　插座、开关盒防火构造详图 4

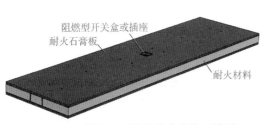

图 2-11-11　插座、开关盒防火构造三维图 4　　　图 2-11-12　插座、开关盒防火构造详图 4 三维图

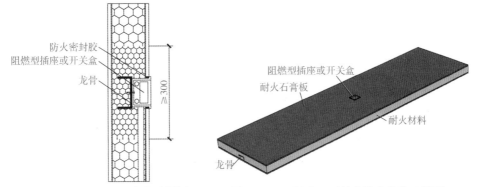

图 2-11-13　插座、开关盒防火构造详图 5　　　图 2-11-14　插座、开关盒防火构造三维图 5

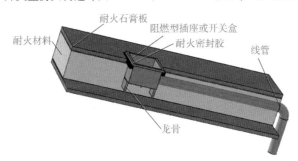

图 2-11-15　插座、开关盒防火构造详图 5 三维图

二、线管穿墙防火构造

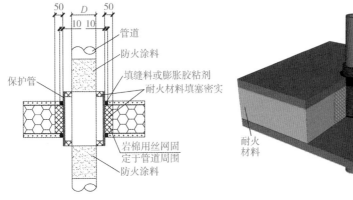
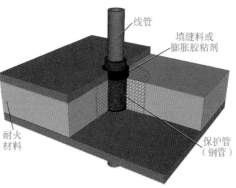

图 2-11-16　线管穿墙防火构造节点详图　　　图 2-11-17　线管穿墙防火构造节点三维图

三、 电缆穿墙防火构造

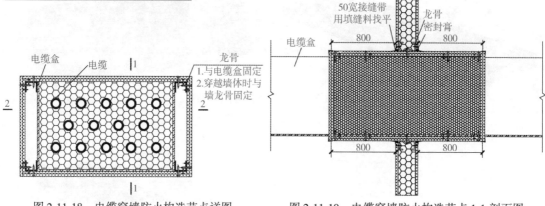

图 2-11-18　电缆穿墙防火构造节点详图

图 2-11-19　电缆穿墙防火构造节点 1-1 剖面图

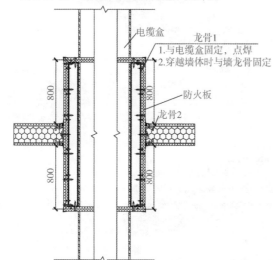

图 2-11-20　电缆穿墙防火构造节点 2-2 剖面图

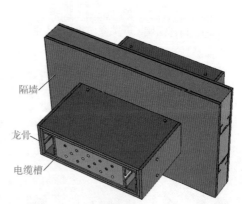

图 2-11-21　电缆穿墙防火构造三维图

四、 电缆防火包覆构造

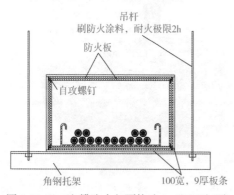

图 2-11-22　电缆防火包覆构造 1（四面包覆）

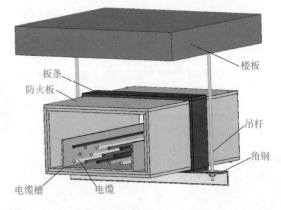

图 2-11-23　电缆防火包覆构造 1 三维图（四面包覆）

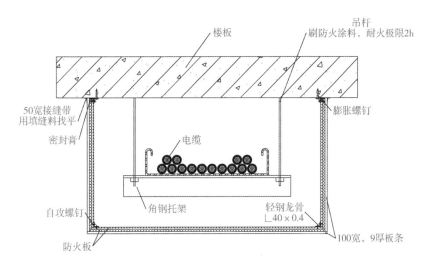

图 2-11-24　电缆防火包覆构造 2（三面包覆）

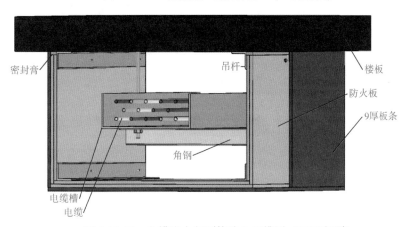

图 2-11-25　电缆防火包覆构造 2 三维图（三面包覆）

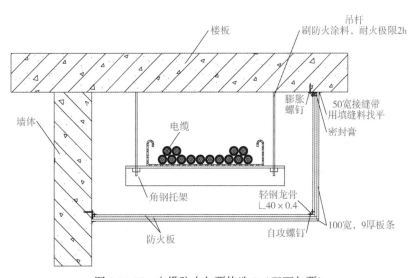

图 2-11-26　电缆防火包覆构造 3（双面包覆）

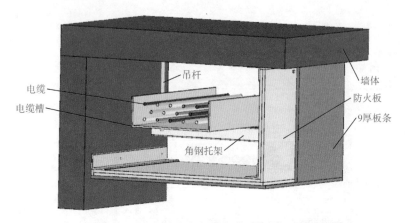

图 2-11-27　电缆防火包覆构造 3 三维图（双面包覆）

电缆
电缆槽
吊杆
墙体
防火板
9厚板条
角钢托架

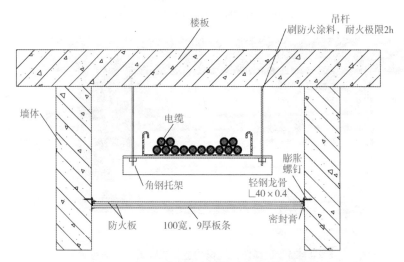

楼板
吊杆
刷防火涂料，耐火极限2h
墙体
电缆
膨胀螺钉
角钢托架
轻钢龙骨
∟40×0.4
防火板
100宽，9厚板条
密封膏

图 2-11-28　电缆防火包覆构造 4（单面包覆）

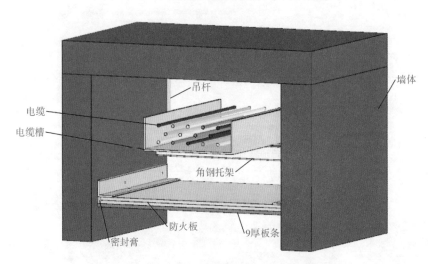

吊杆
墙体
电缆
电缆槽
角钢托架
防火板
密封膏
9厚板条

图 2-11-29　电缆防火包覆构造 4 三维图（单面包覆）

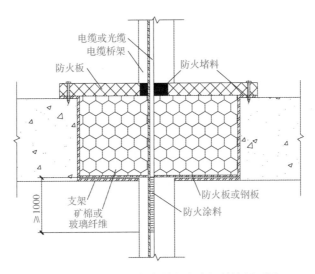

图 2-11-30　电缆桥架穿楼板防火板封堵剖面图

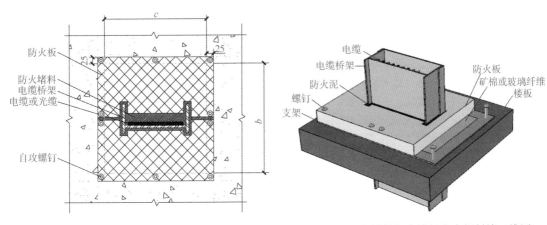

图 2-11-31　电缆桥架穿楼板防火板封堵俯视图　　　图 2-11-32　电缆桥架穿楼板防火板封堵三维图

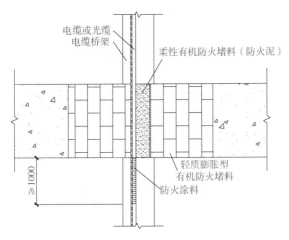

图 2-11-33　电缆竖井无机堵料防火封堵剖面图

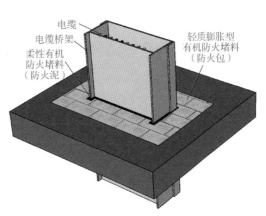

图 2-11-34　电缆竖井无机堵料防火封堵三维图

五、 电缆沟防火

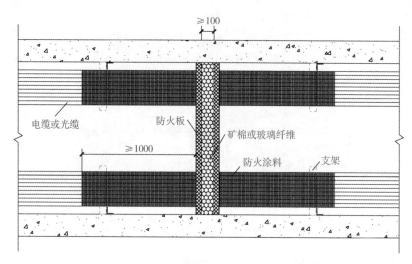

图 2-11-35 电缆沟防火板阻火墙构造详图

注：1. 根据电缆位置和电缆沟横截面的尺寸切割防火板。

2. 在防火板与电缆沟壁接触的地方和拼接的两块防火板间均要用防火堵料密封。

3. 在两层防火板（阻火墙）下安装两根钢管作为排水管。

4. 在电缆与电缆间、电缆和钢管与防火板接触的地方涂塞柔性有机防火堵料。

5. 防火板应安装两层，两层间的距离为100mm，中间填不燃纤维。

6. 在安装阻火墙处的电缆沟壁上垂直固定两行角钢，用以支撑防火板。

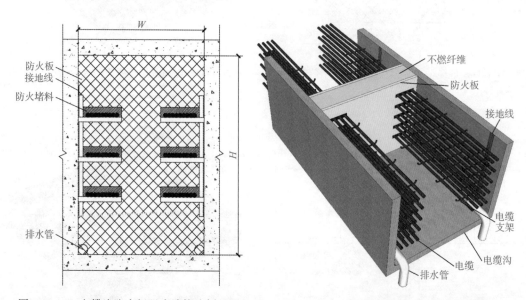

图 2-11-36 电缆沟防火板阻火墙构造剖面图　　　　图 2-11-37 电缆沟防火板阻火墙三维图

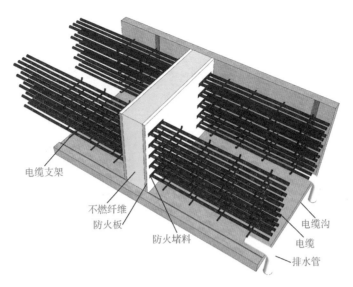

图 2-11-38　电缆沟防火板阻火墙三维详解图

六、电缆隧道防火

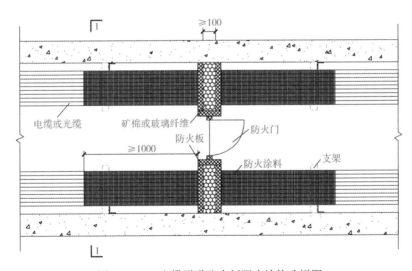

图 2-11-39　电缆隧道防火板阻火墙构造详图

注：1. 在安装阻火墙处的隧道壁上垂直固定两行角钢，用以支撑防火板。

2. 在角钢处安装防火板，防火板与隧道壁、角钢接触的地方均要用柔性有机防火堵料密封。

3. 拼接的两块防火板间也必须用柔性有机防火堵料粘结。

4. 在两块防火板间填塞不燃纤维。

5. 在阻火墙下安装备用钢管作为排水管。

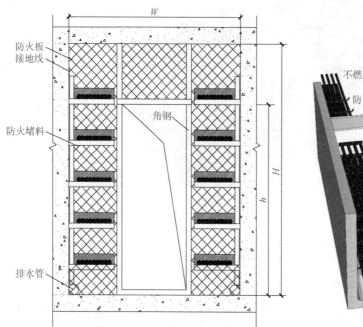

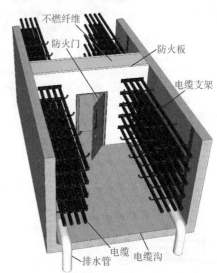

图 2-11-40　电缆隧道防火板阻火墙构造剖面图　　　图 2-11-41　电缆隧道防火板阻火墙三维图

七、电缆或光缆穿墙防火封堵构造

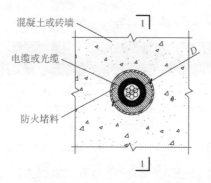

图 2-11-42　预埋电缆或光缆穿墙防火封堵构造详图 1
（适用于预埋电缆或光缆保护套管穿楼板）

注：1. 在套管两端电缆与保护套管缝隙内填塞 50mm 厚的柔性有机防火堵料。
　　2. 在电缆及钢管的表面涂刷防火涂料。

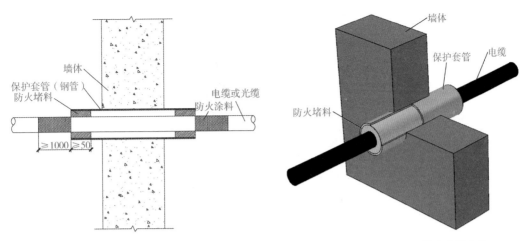

图 2-11-43　预埋电缆或光缆穿墙防火封堵构造剖面图 1
（适用于预埋电缆或光缆保护套管穿楼板）

图 2-11-44　预埋电缆或光缆穿墙
防火封堵三维图 1

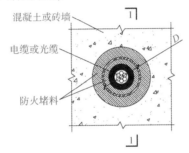

图 2-11-45　预埋电缆或光缆穿墙防火封堵构造详图 2
（适用于非预埋电缆或光缆保护套管的防火封堵、电缆或光缆保护套管穿楼板的防火封堵）

注：1. 将孔壁与套管之间的缝隙用柔性有机防火堵料封堵。
　　2. 在套管两端电缆与保护套管缝隙内填塞 50mm 厚的柔性有机防火堵料。
　　3. 在电缆、保护套管的表面均涂刷防火涂料。

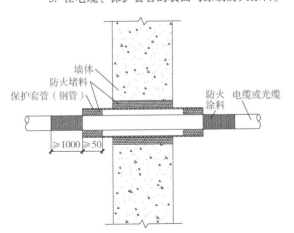

图 2-11-46　预埋电缆或光缆穿墙防火封堵构造剖面图 2
（适用于非预埋电缆或光缆保护套管的防火封堵、电缆或
光缆保护套管穿楼板的防火封堵）

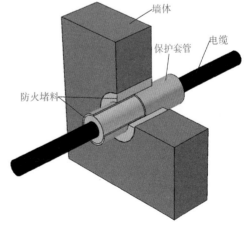

图 2-11-47　预埋电缆或光缆穿墙
防火封堵三维图 2

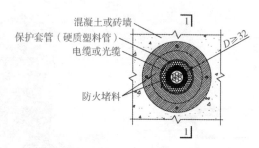

图 2-11-48　预埋电缆或光缆穿墙防火封堵构造详图 3（含阻火圈）

（适用于电缆或光缆硬质塑料保护套管穿楼板的防火封堵）

注：1. 将孔壁与套管之间的缝隙用柔性有机防火堵料封堵。

2. 在保护套管两侧安装阻火圈。

3. 在套管两端电缆与保护套管缝隙内填塞 50mm 厚的柔性有机防火堵料。

4. 在电缆表面涂刷防火涂料。

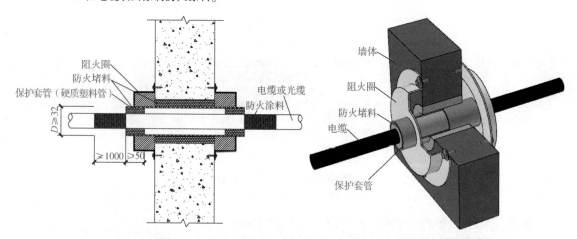

图 2-11-49　预埋电缆或光缆穿墙防火封堵构造
剖面图 3（含阻火圈）

（适用于电缆或光缆硬质塑料保护套管穿楼板的防火封堵）

图 2-11-50　预埋电缆或光缆穿墙防火封堵
三维图 3（含阻火圈）

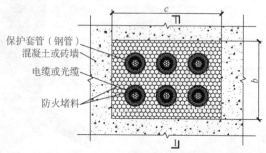

图 2-11-51　多根电缆或光缆穿墙防火封堵构造详图

（适用于多根非预埋电缆或光缆保护钢套管的防火封堵、电缆或光缆保护套管穿楼板孔的防火封堵）

注：1. 将孔壁与套管之间的缝隙用柔性有机防火堵料封堵。

2. 在套管两端电缆与保护套管缝隙内填塞 50mm 厚的柔性有机防火堵料。

3. 在电缆、钢管表面均需涂刷防火涂料。

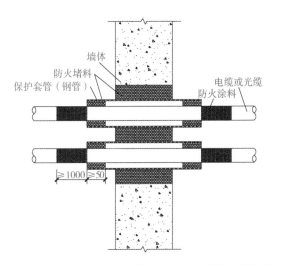

图 2-11-52　多根电缆或光缆穿墙防火封堵构造剖面图
（适用于多根非预埋电缆或光缆保护钢套管的防火封堵、
电缆或光缆保护套管穿楼板孔的防火封堵）

图 2-11-53　多根电缆或光缆穿墙防火封堵
（适用于多根非预埋电缆或光缆保护钢套管的
防火封堵、电缆或光缆保护套管穿楼板孔的防火封堵）

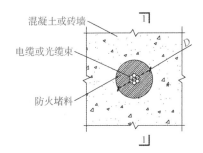

图 2-11-54　电缆或光缆束穿墙防火封堵构造详图 1
（适合小孔洞，不易受力场所）

注：1. 将不燃纤维紧密填入孔壁与电缆之间，两边填塞柔性有机防火堵料，厚度至少 15mm。
　　2. 在电缆间缝隙内涂刷防火涂料，填塞防火堵料。

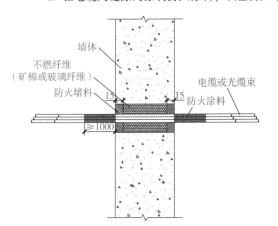

图 2-11-55　电缆或光缆束穿墙防火封堵构造剖面图 1
（适合小孔洞，不易受力场所）

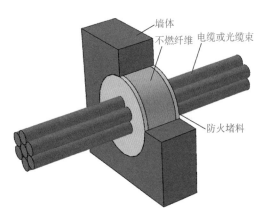

图 2-11-56　电缆或光缆束穿墙防火封堵三维图 1
（适合小孔洞，不易受力场所）

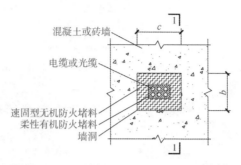

图 2-11-57　电缆或光缆束穿墙防火封堵构造详图 2

（适合不易受力场所）

注：1. 将速固型无机防火堵料和水按一定比例均匀混合。

2. 在墙两侧用木板支模，用铲刀将速固型无机防火堵料紧密填入孔洞。

3. 以电缆为中心留出一个孔洞，孔洞尺寸由设计确定。

4. 24h 后拆模，再用速固型无机防火堵料修正表面，使之平整光滑。

5. 在电缆、桥架、孔壁间的缝隙内填塞柔性有机防火堵料。

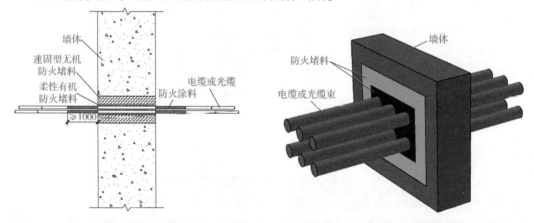

图 2-11-58　电缆或光缆束穿墙防火封堵构造剖面图 2　　图 2-11-59　电缆或光缆束穿墙防火封堵三维图 2

（适合不易受力场所）　　　　　　　　　　　　　　　（适合不易受力场所）

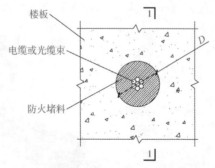

图 2-11-60　电缆或光缆束穿墙防火封堵构造详图 3

（适合小孔洞，且电缆不易受力场所）

注：1. 将不燃纤维紧密填入孔洞，下侧与楼板齐平，上侧填塞柔性有机防火堵料，厚度至少 15mm。

2. 在电缆间缝隙内涂刷防火涂料，填塞防火堵料。

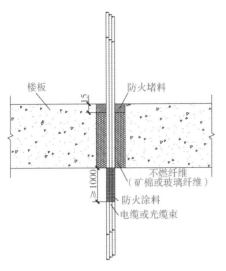

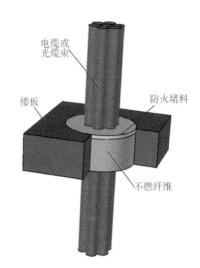

图 2-11-61　电缆或光缆束穿墙防火封堵构造剖面图 3
（适合小孔洞，且电缆不易受力场所）

图 2-11-62　电缆或光缆束穿墙防火封堵三维图 3
（适合小孔洞，且电缆不易受力场所）

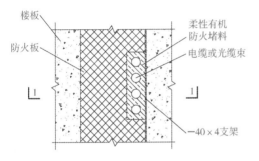

图 2-11-63　电缆或光缆束穿墙防火封堵构造详图 4
（适合电缆不易受力场所）

注：1. 固定好扁钢支架，在支架上放好防火板。
　　2. 在防火板上填塞速固型无机防火堵料或阻火包。
　　3. 在楼板和防火堵料上面再安装一块防火板。
　　4. 在电缆与防火板间的缝隙内填塞柔性有机防火堵料。
　　5. 采用速固型无机防火堵料时，可取消上侧的防火板。

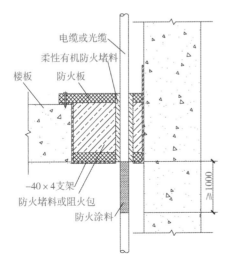

图 2-11-64　电缆或光缆束穿墙防火封堵构造剖面图 4
（适合电缆不易受力场所）

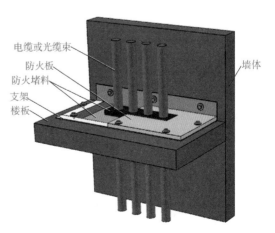

图 2-11-65　电缆或光缆束穿墙防火封堵三维图 4
（适合电缆不易受力场所）

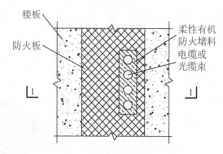

图2-11-66   电缆或光缆束穿墙防火封堵构造详图5

(适合电缆不易受力场所)

注：1. 根据洞口尺寸裁切防火板，四周至少多出25mm。

2. 在孔洞四周涂抹柔性有机防火堵料，宽25mm，厚至少4mm。

3. 在楼板下方固定好防火板。

4. 在防火板上填塞速固型无机防火堵料或阻火包。

5. 在楼板和防火堵料上面再安装一块防火板。

6. 在电缆与防火板间的缝隙内填塞防火堵料。

7. 采用速固型无机防火堵料时，可取消上侧的防火板。

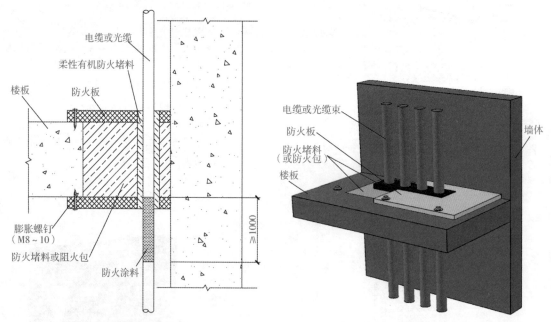

图2-11-67   电缆或光缆束穿墙防火封堵构造剖面图5   图2-11-68   电缆或光缆束穿墙防火封堵三维图5

(适合电缆不易受力场所)   (适合电缆不易受力场所)

八、电信电缆进线室上线孔防火封堵构造

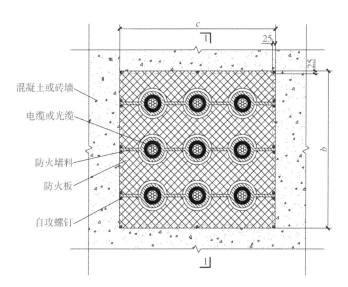

图 2-11-69　电信基站馈线窗防火封堵构造详图

注：1. 在电缆与馈线窗孔口的缝隙内填塞柔性有机防火堵料。

2. 根据孔洞尺寸和位置裁切多块防火板。

3. 在孔洞四周涂抹柔性有机防火堵料，宽 25mm，厚至少 4mm。

4. 用带垫圈的螺钉固定防火板。

5. 将电缆与防火板间的缝隙用柔性有机防火堵料密封。

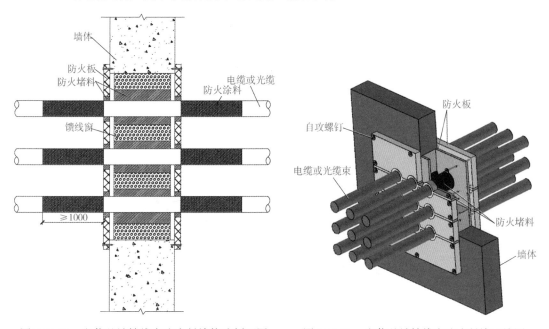

图 2-11-70　电信基站馈线窗防火封堵构造剖面图　　图 2-11-71　电信基站馈线窗防火封堵三维图

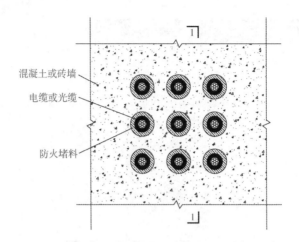

图 2-11-72　电信电缆进线室上线孔防火封堵构造详图

注：1. 将电缆与上弦孔之间的缝隙用柔性有机防火堵料密封。

　　2. 在电缆表面涂刷防火涂料。

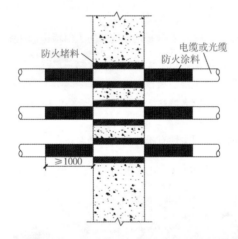

图 2-11-73　电信电缆进线室上线孔防火封堵构造剖面图

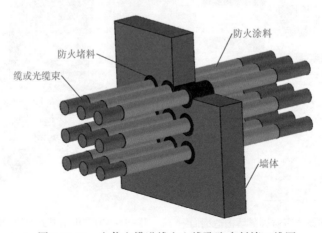

图 2-11-74　电信电缆进线室上线孔防火封堵三维图

九、电气盘、柜底部防火封堵

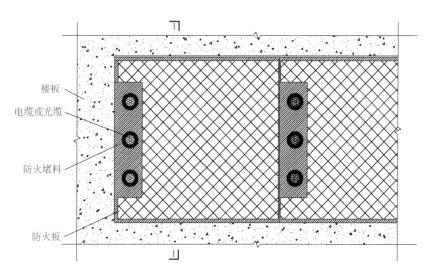

图 2-11-75　电气盘、柜底部防火封堵构造详图 1

(在楼板上、下均可施工)

注：1. 根据柜体进出线孔洞尺寸和电缆位置切割防火板，边沿与柜下电缆间隙最大 10mm。

2. 将防火板固定在沟内的角钢上。

3. 在防火板边缘涂抹柔性有机防火堵料，拼接的两块防火涂层之间、防火板与沟壁之间必须用柔性有机防火堵料粘结。

4. 敷设好电缆后，封堵出线孔，在电缆间和所有缝隙内填塞柔性有机防火堵料。

5. 安装另一块防火板，重复上述步骤。

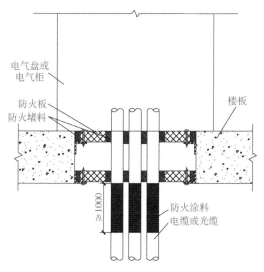

图 2-11-76　电气盘、柜底部防火封堵构造剖面图 1

(在楼板上、下均可施工)

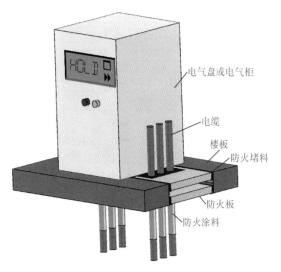

图 2-11-77　电气盘、柜底部防火封堵三维图 1

(在楼板上、下均可施工)

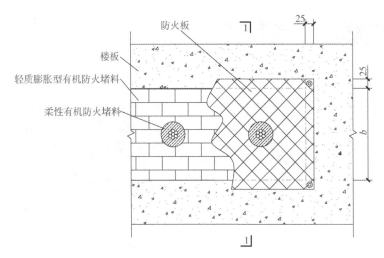

图 2-11-78　电气盘、柜底部防火封堵构造详图 2

（适合在楼板下施工）

注： 1. 在电缆与孔壁间的缝隙内填塞防火发泡块。

2. 在楼板下侧用防火板做支撑。

3. 在轻质膨胀型有机防火堵料、电缆、防火板之间的缝隙内涂塞柔性有机防火堵料。

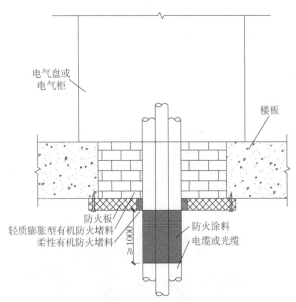

图 2-11-79　电气盘、柜底部防火封堵构造剖面图 2

（适合在楼板下施工）

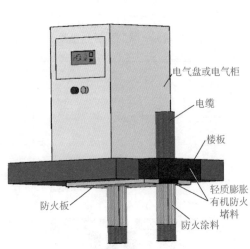

图 2-11-80　电气盘、柜底部防火封堵三维图 2

（适合在楼板下施工）

十、耐火槽盒阻火段安装示意

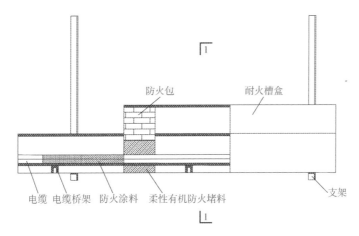

图 2-11-81　耐火槽盒阻火段安装示意图

注：1. 根据《电力工程电缆设计标准》（GB 50217—2018）中 7.0.4（1）的规定，当电缆数量较多时，可采用耐火电缆槽盒或阻火包等。

2. 防火涂料可用防火包带代替。

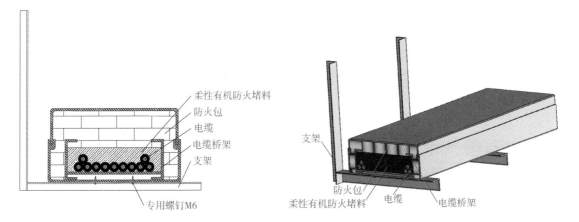

图 2-11-82　耐火槽盒阻火段安装剖面图　　图 2-11-83　耐火槽盒阻火段安装示意三维图

说明：

1）电缆及绝缘电线穿钢管布线时，应在楼层间预埋钢管，布线后应在两端钢管管口空隙用防火堵料隔离。

2）耐火隔板采用矿棉半硬板或6mm及以上钢板。

3）上下防火板夹层空间内可用岩棉或阻火包填塞，防火板间隙用防火泥封堵。

4）桥架孔洞边设置1.5mm厚钢板做方形套管，套管高度为高出地面3cm或设置一圈3cm高素混凝土阻水圈。

5）桥架盖板要求穿楼板处应断开。

第三章

防火材料

　　建筑火灾的发生和发展蔓延多数是由建筑物某一部位的建筑材料着火而酿成。因此，建筑材料的燃烧性能是影响建筑火灾的重要因素之一。

一、防火材料

　　防火材料种类见表3-1-1。

表3-1-1　防火材料种类一览表

序号	防火材料类别		说明	燃烧性能	应用
1	轻质砌块和板材	加气混凝土砌块和板材	用含钙材料（水泥、石灰）、含硅材料（石英砂、粉煤灰、尾矿粉、粒化高炉矿渣、页岩等）和发气剂（铝粉、锌粉等）作为原料生产而成	不燃性	承重墙体，非承重墙体，也可作保温材料使用；外墙板、隔墙板及屋面板使用
		轻质混凝土砌块与板材	以水泥为胶凝材料，以火山渣、浮石、膨胀珍珠岩、煤渣、各种陶粒等为骨料制成的材料	不燃性	轻体墙
		粉煤灰墙体材料	以粉煤灰、石灰、石膏和骨料（如炉渣）等为原料生产而成	不燃性	建筑的墙体
2	轻质无机防火材料	岩棉和矿渣棉及其制品	具有不燃、质轻、导热系数低、防腐、化学稳定性强等优点	不燃性	防火构件的填充材料、防火隔热板材
		玻璃棉及其制品	轻质、导热系数低、不燃烧、耐腐蚀	不燃性	玻璃棉毡、玻璃棉板、玻璃棉毯和玻璃棉保温管等
		硅酸铝纤维及其制品	一种轻质耐火材料，具有表观密度小、耐高温、导热系数小、化学性能稳定、对电绝缘等优良性能	不燃性	防火门的芯材等
		膨胀珍珠岩及其制品	具有密度小、导热系数低、化学稳定性好、使用温度范围广、防火等特点	不燃性	水泥膨胀珍珠岩制品、水玻璃膨胀珍珠岩制品、沥青膨胀珍珠岩制品、磷酸盐膨胀珍珠岩制品、高温耐火膨胀珍珠岩制品、石膏珍珠岩制品等

（续）

序号	防火材料类别		说明	燃烧性能	应用
2	轻质无机防火材料	膨胀蛭石及其制品	具有表观密度小、导热系数小、防火防腐、化学性质稳定、无毒无味等特点	不燃性	水泥膨胀蛭石制品、水玻璃膨胀蛭石制品、沥青膨胀蛭石制品、膨胀蛭石防火板、石棉硅藻土水玻璃膨胀蛭石制品、膨胀珍珠岩膨胀蛭石制品、云母膨胀蛭石制品等
		碳酸钙及其制品	具有良好的耐热性能和热稳定性能	不燃性	轻质、防火建筑板材，可用作钢结构、梁、柱及墙面的耐火覆盖材料
3	新型轻质复合防火材料	石膏及其制品	质轻、保温隔热、耐火性好	不燃性	纸面石膏板、纤维石膏板、石膏装饰板、石膏吸声板、石膏空心条板、石膏珍珠岩空心板、石膏硅酸盐空心条板等
		纤维增强水泥板材	指以水泥为基本材料，以矿物纤维水泥和其他纤维为增强材料，经制浆、成型、养护等工序而制成的板材	不燃性	TK 板、GRC 板、不燃埃特板、石棉水泥平板、穿孔吸声石棉水泥板、水泥木屑板、水泥刨花板等
		钢丝网夹芯复合板材	以轻质板材为覆面板或用混凝土作面层和结构层，按所用的轻质芯材可分为：钢丝网架泡沫夹芯板，以阻燃型聚苯乙烯泡沫为芯材；钢丝网架岩棉夹芯板，用半硬质岩棉板做芯材	不燃性	泰柏板（TIP）、岩棉夹芯板（GY 板）等
		金属板材和金属复合板材	彩色压型钢板和铝及铝合金波纹板等	不燃性	常用的有金属板材、金属微穿孔吸声板、金属复合板材、聚氨酯夹芯复合板、聚苯乙烯复合夹芯板（EPS 板）、岩棉夹芯复合板、铝塑复合板等
		其他板材 难燃刨花板	具有一定的防火性能，其燃烧性能可达到 B_1 级	难燃性	装饰板
		其他板材 WJ 型防火装饰板	用玻璃纤维无机材料制作，具有遇火不燃、不爆、不变形、无烟、无毒、耐腐蚀、耐油、耐火等特点	不燃性	装饰板

（续）

序号	防火材料类别		说明	燃烧性能	应用
3	新型轻质复合防火材料	其他板材 难燃铝塑建筑装饰板	具有难燃、质轻、保温、耐火、防蛀等特点	难燃性	装饰板
		难燃钙塑泡沫装饰板	具有质轻、隔热、耐水、阻燃性好等特点	难燃性	装饰板
		贴塑矿(岩)棉板	具有隔热、不燃、质轻等特点	不燃性	装饰板
		钢丝网石棉水泥波瓦（加筋波瓦）	具有防火、耐热等性能，并有较高的抗折力	不燃性	高温、振动或有防爆要求的工业厂房屋面及墙面
4	自熄型和阻燃型泡沫塑料		具有自熄型的泡沫塑料在空气中点燃后能自动熄灭，或在泡沫塑料中添加阻燃剂	难燃性	自熄型聚苯乙烯泡沫塑料、阻燃型硬质聚氨酯泡沫塑料、阻燃型聚苯乙烯泡沫板、聚氯乙烯（PVC）泡沫塑料、脲醛泡沫塑料、酚醛泡沫塑料等
5	建筑防火玻璃	复合防火玻璃	又称防火夹层玻璃，它是将两片或两片以上的平板玻璃用透明防火胶粘剂胶接在一起而制成的	不燃性	防火门、防火窗和防火隔墙材料
		夹丝玻璃	当受外力或在火灾中破裂时，碎片仍固定在金属丝或网上，不脱落，仍可以防止火焰穿透，起到阻止火灾蔓延的作用	不燃性	屋顶天窗、阳台窗
		泡沫玻璃	具有质轻、耐火、隔热、不燃、使用温度范围广、机械强度良好、尺寸稳定性好、抗化学腐蚀性能好等特点	不燃性	建筑外墙和屋面隔热、隔声、防水材料
6	其他材料	阻燃木地板砖、吊顶板	阻燃性能好	不燃性	用于宾馆、影剧院、展览馆等建筑物内的地板和吊顶板
		阻燃胶合板	阻燃性能好	不燃性	用于宾馆、影剧院、展览馆等建筑物内的内装修材料和展览馆的展板等
		滞燃型胶合饭	在火灾发生时能起到滞燃和自熄的效果	难燃性	有阻燃要求的建筑物内部吊顶和墙面装修

（续）

序号	防火材料类别		说明	燃烧性能	应用
6	其他材料	玻璃纤维贴墙布	具有强度高、不老化、经久耐用、不燃烧、隔热性能好、无毒、无味等特点	不燃性	内墙面装饰
		阻燃壁纸	具有一定的防火阻燃性能	难燃性	有防火要求的建筑物内墙、顶棚的装饰
		阻燃织物	具有一定的防火阻燃性能，不蔓延燃烧、离火自灭	难燃性	有防火要求的建筑物内墙面、顶棚、地面等

二、防火涂料

涂料是指涂敷于物体表面，并能很好地粘结形成完整的保护膜的物料。防火涂料属于特种涂料，当它用于可燃性基材表面时，则可以降低材料表面燃烧特性，改变其燃烧性能，推迟或消除引燃过程，阻滞火灾迅速蔓延，并可提高其耐火极限；当它用于不燃性或建筑构件（如钢结构、预应力钢筋混凝土楼板等）时，则可以有效地降低构件温度上升速度，提高其耐火极限，从而推迟结构失稳过程。防火涂料分类见表3-2-1。

表3-2-1 防火涂料分类

序号	分类依据	类型	基本特征
1	分散介质	水溶性	以水为溶剂和分散介质，节约能源，无环境污染，生产、施工储运安全
		溶剂性	以汽油、二甲苯作溶剂，施工温度、湿度范围大，有利于改善涂层的耐水性、装饰性
2	基料	无机类	以磷酸盐、硅酸盐或水泥作胶粘剂，涂层不易燃烧，原材料丰富
		有机类	以合成树脂或水乳胶作胶粘剂，利于构成膨胀涂料，有较好的理化性能
3	防火机理	膨胀型	涂层遇火膨胀隔热，并有较好理化力学性能和装饰效果
		非膨胀型	涂层较厚，遇火后不膨胀，密度较小，自身有较好的防火隔热效果
4	涂层厚度	厚涂型（H）	涂层厚80~50mm，耐火极限0.5~3.0h
		薄涂型（B）	涂层厚3~7mm，遇火膨胀隔热，耐火极限0.5~1.5h
		超薄型（C）	涂层厚不超过3mm，遇火膨胀隔热，耐火极限0.5~1.5h
5	应用环境	室内	应用于建筑物室内，包括薄涂型和超薄型
		室外	应用于石化企业等露天钢结构，耐水、耐候、耐化学性，满足室外使用要求
6	保护对象	钢结构、混凝土结构	遇火膨胀或不膨胀，耐火极限高
		木材、可燃性材料	遇火膨胀，涂层薄，耐火极限低
		电缆	遇火膨胀，涂层薄

三、 防火封堵材料

防火封堵材料用于封堵建筑内的各种贯穿孔洞,如上下水管、电缆、风管、油管及天然气管等穿过墙体、楼板时形成的各种开口以及电缆桥架的分段防火分隔,以免火势通过这些开口及缝隙蔓延,具有防火功能,便于更换。防火封堵材料分类见表3-3-1。

表3-3-1 防火封堵材料分类

序号	类别	说明	应用
1	无机防火封堵材料	又称为速固型防火堵料。它以快硬型水泥为基料,再配以防火剂、耐火材料等研磨、混合而成,不仅具有较高的耐火极限,而且具备较高的力学强度	对管道或电线、电缆的贯穿孔洞,尤其是较大的孔洞、楼层间孔洞的封堵效果较好。在对孔洞进行封堵时,管道或电线、电缆表皮需堵一层有机堵料,以便贯穿物的检修和更换
2	有机防火封堵材料	以有机合成树脂为胶粘剂,配以防火剂、填料等碾压而成的材料,具有可塑性和柔韧性。该类堵料的可塑性好,长久不固化,可以切割、搓揉,用以封堵各种形状的孔洞。为了保证贯穿物(如电缆)的散热性,可以不必封堵严密。当火灾发生时,堵料发生膨胀,将遗留的缝隙或小孔封堵严密,有效地阻止火灾蔓延与烟气的扩散传播	主要用于管道或电线、电缆贯穿孔洞的防火封堵工程中,多数情况下与无机防火堵料、阻火包配合使用
3	阻火包	用不燃或阻燃性的布料将耐火材料固定成各种规格的包状体,在施工时可堆砌成各种形状的墙体,尤其适用于大孔洞的封堵,以起到隔热阻火的作用。施工时应注意管道或电缆表皮处需配合使用有机防火堵料	主要用于电缆隧道和竖井中的防火隔离层,以及贯穿大孔洞的封堵,制造或更换、重做均十分方便
4	阻火圈	可有效地缩短工期,拆卸也更加方便	用于定型设计孔洞的防火堵料
5	膨胀防火板	在孔洞两侧用螺钉分别固定两块已符合贯穿物的膨胀防火板,内部不用任何其他材料就可起到膨胀防火封堵的目的,便于规范设计和施工,简单可行	采用膨胀防火板封堵贯穿孔洞

第四章
防火安全管理措施

一、 建筑防火管理的意义

建筑防火管理是指对建筑工程的防火设计、建筑物的使用实施防火监督的过程，是消防管理工作中的一项重要内容。

人类的生产、生活及有关的政治、经济、文化活动，大多是在一定的建筑物内进行的。这些建筑物和建筑物内饰，一般都存在可燃、易燃的物质，而人们要进行生产和生活都离不开火源和电源，稍有不当，难免发生火灾。如果在建筑规划设计时，就充分考虑各种火灾因素并采取相应的预防措施，在使用阶段，加强防火管理，就能防患于未然，有效地防止火灾的发生和蔓延，创造出更舒适的生活、生产环境。反之，可能就会留下隐患，一旦具备着火的条件就容易引发火灾，造成人员伤亡，或重大的经济损失。

二、 建筑防火管理的目的

建筑防火管理的目的主要是在城镇规划、建筑设计、建筑使用工作中，贯彻落实"预防为主、消防结合"的消防工作方针和各项消防技术措施，从根本上防止建筑火灾的发生。一旦发生了火灾，也可以有效地阻止火灾蔓延扩大，并为扑救火灾创造有利条件，将受灾区域和损失控制到最低。因此，加强建筑防火管理，不仅是公安消防监督机关应尽的职责，更重要的是动员规划、设计单位和建设单位的工程技术人员共同做好建筑设计防火工作，动员建筑使用单位和广大人民群众加强火源、电源管理，维护建筑物的消防设施。如果在建筑设计过程中，各项消防技术措施得不到贯彻和落实，在竣工后才发现不安全因素，不符合防火要求，已为时晚矣。此时即使采取一定的补救措施，也已影响工程的投产和使用，而且在资金、材料等方面都会造成不必要的损失和浪费，有的影响甚至无法挽回。同理，在建筑设计施工过程中，都按技术规范要求去做，采取有效的防火措施，但在工程交付使用后，不注意加强建筑防火管理，就有可能使原有的消防设施遭到破坏，疏散通道被堵，如果发生火灾，造成的损失也是不可估量的。

三、 建筑防火管理一般要求

常规防火安全管理如下：

（1）建筑施工现场的消防管理工作，由建设单位与施工单位签订管理合同，并报送当地公安消防监督机关备案。建筑的高级宾馆、饭店及医院病房楼的室内装修，应当采用非燃或难燃材料。建筑竣工之后，其消防设施必须经当地公安消防监督机关检查合格，方可交付使用。对于不合格的,任何单位和个人不得自行决定使用。

(2) 新建、扩建和改建高层建筑的防火设计,必须符合《建筑设计防火规范》 （GB 50016—2014　2018 年版）和其他有关消防法规的要求。高层建筑的防火设计图,必须经过当地公安消防监督机关审核批准,方可交付施工。在施工中不得擅自变更防火设计内容。确实需要变更的,必须经当地公安消防监督机关核准。

(3) 建筑的经营或使用单位,如改变建筑的使用性质,或是进行内部装修时,应事先报经当地公安消防监督机关审批。凡增添的建筑材料、设备和构配件,必须符合消防安全要求。

(4) 在《建筑设计防火规范》（GB 50016—2014　2018 年版）颁布前建造的高层建筑,凡不符合要求的重要消防设施和火灾隐患,应当采取有效措施,予以整改。

四、 建筑防火安全管理

依据《高层居民住宅楼防火管理规则》,本着自防自救的原则,依靠群众,实行综合管理。高层住宅楼的居民应自觉接受街道办事处、社区居民委员会、房产管理部门、房屋产权单位和供电、燃气经营单位的管理,并遵守以下防火事项:

(1) 消防设施、器材不得挪作他用,严防损坏、丢失。

(2) 学习消防常识,掌握简易的灭火方法,发生火灾及时报警,积极扑救。

(3) 教育儿童不要玩火。

(4) 遵守电器安全使用规定,不得超负荷用电,严禁安装不合规格的熔丝、熔片。

(5) 遵守燃气安全使用规定,经常检查灶具,严禁擅自拆、改、装燃气设施和用具。

(6) 发现他人违章用火、用电或有损坏消防设施、器材的行为,要及时劝阻、制止,并向街道办事处或社区居民委员会报告。

(7) 不得在阳台上堆放易燃物品和燃放烟花爆竹。

(8) 不得将带有火种的杂物倒入垃圾道,严禁在垃圾道口烧垃圾。

(9) 在进行室内装修时,必须严格执行有关防火安全规定。

(10) 室内不得存放超过 0.5kg 的汽油、酒精、香蕉水等易燃物品。

(11) 不得卧床吸烟。

(12) 楼梯、走道和安全出口等部位应保持畅通无阻,不得擅自封闭,不得堆放物品、存放自行车。

房产管理部门或房屋产权单位需改变高层居民住宅楼地下室的用途时,其防火安全必须符合国家有关规范、规定的要求,并经市（市辖区）、县公安机关审核同意。

五、 建筑防火安全检查

(1) 公众聚集场所在营业期间的防火巡查应当至少每两小时进行一次;当营业结束时,应当对营业现场进行检查,消除遗留火种。养老院、医院、寄宿制的学校、托儿所、幼儿园应加强夜间防火巡查,其他消防安全重点单位可结合实际情况组织夜间防火巡查。

(2) 消防安全重点单位应当进行每日防火巡查,并确定巡查的人员、内容、部位及频次。其他单位可根据需要组织适当时间间隔的防火巡查。

巡查的内容如下:

1) 消防安全重点部位的人员是否在岗。

2）消防设施、器材和消防安全标志是否在位、完整。

3）用火、用电有无违章情况。

4）常闭式防火门是否处于关闭状态，防火卷帘下是否堆放杂物，影响使用。

5）安全出口、疏散通道是否畅通，安全疏散指示标志、应急照明是否完好。

6）其他消防安全情况。

（3）防火巡查人员应及时纠正违章行为，妥善处置火灾危险，无法当场处置的，应立即报告，发现初起火灾应立即报警并及时扑救。

（4）防火巡查应填写巡查记录，巡查人员及其主管人员应在巡查记录上签名。

（5）机关、团体、事业单位应至少每季度进行一次防火检查，其他单位应至少每月进行一次防火检查。

检查的内容如下：

1）防火巡查情况。

2）用火、用电有无违章情况。

3）安全疏散通道、疏散指示标志，应急照明和安全出口情况。

4）消防车通道、消防水源情况。

5）消防安全标志的设置情况和完好、有效情况。

6）火灾隐患的整改情况以及防范措施的落实情况。

7）灭火器材配置及有效情况。

8）重点工种人员以及其他员工消防知识的掌握情况。

9）消防（控制室）值班情况和设施运行、记录情况。

10）易燃易爆危险品及场所防火、防爆措施的落实情况以及其他重要物资的防火安全情况。

11）消防安全重点部位的管理情况。

12）其他需要检查的内容。

（6）防火检查应填写检查记录。检查人员和被检查部门负责人应在检查记录上签名。

（7）设有自动消防设施的单位，应按照有关规定定期对其自动消防设施进行全面检查测试，并出具检测报告，存档备查。

（8）单位应按照建筑消防设施检查维修保养有关规定的要求，对建筑消防设施的完好、有效情况进行检在及维修保养。

（9）单位应按照有关规定定期对灭火器进行维护保养和维修检查。对灭火器应建立档案资料，记明配置类型、设置位置、数量、检查维修单位（人员）、更换药剂的时间等有关情况。

六、建筑火灾隐患整改要求

（1）当场改正。

1）违章使用明火作业或在具有火灾、爆炸危险的场所吸烟、使用明火等违反禁令的行为。

2）将安全出口遮挡、上锁或占用、堆放杂物，影响疏散通道畅通。

3）违章进入生产、储存易燃易爆危险品场所。

4）消防设施管理人员、值班人员及防火巡查人员脱岗。

5）常闭式防火门处在开启状态，防火卷帘下堆放杂物，影响使用。

6)消火栓、灭火器材被遮挡,影响使用或被挪作他用。

7)违章关闭消防设施、切断消防电源。

8)其他可当场改正的行为。

对上述违反消防安全规定的行为,应责成有关人员当场改正,督促落实,并对违反情况和改正情况记录并存档备查。

(2)限期改正。对于无法当场改正的火灾隐患,消防工作管理职能部门或者专兼职消防管理人员应根据本单位的管理分工,及时将存在的火灾隐患向单位的消防安全管理人或者消防安全责任人报告,提出整改方案。消防安全管理人或者消防安全责任人应当确定整改的措施、期限以及负责整改的部门、人员,并落实整改资金。

在火灾隐患未消除前,单位应落实防范措施,保障消防安全。无法确保消防安全,随时可能引发火灾或者一旦发生火灾将严重危及人身安全的,应将危险部位停产、停业整改。火灾隐患整改完毕,负责整改的部门或者人员应将整改情况记录报送消防安全责任人或者消防安全管理人签字确认后存档备查。

(3)上报改正。对于涉及城市规划布局而无法自身解决的重大火灾隐患以及机关、团体、事业单位确无法解决的重大火灾隐患,单位应提出解决方案并及时向其上级主管部门或者当地人民政府报告。

(4)责令限期改正。对公安消防机构责令限期改正的火灾隐患,该单位应在规定的时间内改正并写出火灾隐患整改复函,报送公安消防机构。

参 考 文 献

［1］许佳华．建筑消防工程施工实用手册［M］．武汉：华中科技大学出版社，2016

［2］中华人民共和国住房和城乡建设部．建筑设计防火规范：GB 50016—2014（2018 年版）［S］．北京：中国计划出版社，2018．

［3］中华人民共和国住房和城乡建设部．自动喷水灭火系统设计规范：GB 50084—2017［S］．北京：中国计划出版社，2017．

［4］张格梁．建筑防火设计技术指南［M］．北京：中国建筑工业出版社，2015

［5］靳玉芳．建筑防火与建筑节能设计图释手册［M］．北京：中国建材工业出版社，2017．

［6］王学谦．建筑防火设计手册［M］．3 版．北京：中国建筑工业出版社，2015．

［7］陈文贵．防火手册［M］．上海：上海科学技术出版社，1992．

［8］中国建筑标准设计研究院．国家建筑标准设计图集《建筑设计防火规范》图示：18J811-1［Z］．2018．

［9］中国建筑标准设计研究院．国家建筑标准设计图集 12J609：防火门窗［Z］．2012．

［10］中国建筑标准设计研究院．国家建筑标准设计图集 07J905-1 防火建筑构造（一）［Z］．2007．

［11］中国建筑标准设计研究院．国家建筑标准设计图集 06SG501 民用建筑钢结构防火构造［Z］．2006．

［12］中国建筑标准设计研究院．国家建筑标准设计图集 13S201 室外消火栓及消防水鹤［Z］．2013．

［13］中国建筑标准设计研究院．国家建筑标准设计图集 15S202 室内消火栓安装［Z］．2015．

［14］中国建筑标准设计研究院．国家建筑标准设计图集 19S910 自动喷水灭火系统设计［Z］．2019．

［15］中国建筑标准设计研究院．国家建筑标准设计图集 06D105 电缆防火阻燃设计与施工［Z］．2006．

［16］中国建筑标准设计研究院．国家建筑标准设计图集 10BJ2-11 建筑外保温（防火）［Z］．2010．